"**本科教学工程**"全国服装专业规划教材

高等教育"十二五"部委级规划教材

针织服装设计

ZHENZHI
FUZHUANG
SHEJI

沈 雷 编著

U0324135

化学工业出版社

·北京·

《针织服装设计》一书全面涵盖了针织服装设计师所需要掌握的基础知识以及提升设计能力的方式方法，从针织服装设计概述、针织服装的设计思维、针织服装设计的基本要素、针织服装分类设计、针织服装设计表达的技巧、针织服装的品牌规划设计等方面进行详细全面的讲解与拓展。针织服装的发展过程以及针织服装的特点分类、结构性能等都在本书中有详细介绍，为初步接触针织服装设计的设计师提供基本的专业知识。在设计层面，从设计思维的角度出发，以艺术、灵感等为着眼点，从无形到有形的蜕变，向读者介绍了简单实用的设计方法，给设计师以启示，起到拓展思维模式、引导思维转换的作用；从设计要素的角度出发，以针织服装的构成要素为出发点，将实物进行艺术化创作，旨在让读者掌握针织服装设计中实物与艺术元素的结合方法。在实际应用方面，对针织服装的分类设计以及设计表达技巧，都清晰明确地指引读者如何提高设计能力；同时以针织服装品牌规划设计的案例来体现独特的设计理念，并为设计师进行品牌创作提供参考。

　　本书既可作为服装专业高等教育教学用书，也可供服装从业人员及服装爱好者学习使用。

图书在版编目（CIP）数据

　　针织服装设计/沈雷编著． —北京：化学工业出版社，2014.8
　　"本科教学工程"全国服装专业规划教材
　　高等教育"十二五"部委级规划教材
　　ISBN 978-7-122-20933-7

　　Ⅰ.①针…　Ⅱ.①沈…　Ⅲ.①针织物-服装设计-高等学校-教材　Ⅳ.①TS186.3

　　中国版本图书馆CIP数据核字（2014）第127790号

责任编辑：李彦芳　　　　　　　　　　文字编辑：赵亚红
责任校对：边　涛　　　　　　　　　　装帧设计：史利平

出版发行：化学工业出版社（北京市东城区青年湖南街13号　邮政编码100011）
印　　装：北京画中画印刷有限公司
787mm×1092mm　1/16　印张10　字数237千字　2014年9月北京第1版第1次印刷

购书咨询：010-64518888（传真：010-64519686）　售后服务：010-64518899
网　　址：http://www.cip.com.cn
凡购买本书，如有缺损质量问题，本社销售中心负责调换。

定　　价：39.80元

"本科教学工程"全国纺织服装专业规划教材

编审委员会

序

　　教育是推动经济发展和社会进步的重要力量，高等教育更是提高国民素质和国家综合竞争力的重要支撑。近年来，我国高等教育在数量和规模方面迅速扩张，实现了高等教育由"精英化"向"大众化"的转变，满足了人民群众接受高等教育的愿望。我国是纺织服装教育大国，纺织本科院校47所，服装本科院校126所，每年两万余人通过纺织服装高等教育。现在是纺织服装产业转型升级的关键期，纺织服装高等教育更是承担了培养专业人才、提升专业素质的重任。

　　化学工业出版社作为国家一级综合出版社，是国家规划教材的重要出版基地，为我国高等教育的发展做出了积极贡献，被新闻出版总署评价为"导向正确、管理规范、特色鲜明、效益良好的模范出版社"。依照《教育部关于实施卓越工程师教育培养计划的若干意见》（教高［2011］1号文件）和《教育部财政部关于"十二五"期间实施"高等学校本科教学质量与教学改革工程"的意见》（教高［2011］6号文件）两个文件精神，2012年10月，化学工业出版社邀请开设纺织服装类专业的26所骨干院校和纺织服装相关行业企业作为教材建设单位，共同研讨开发纺织服装"本科教学工程"规划教材，成立了"纺织服装'本科教学工程'规划教材编审委员会"，拟在"十二五"期间组织相关院校一线教师和相关企业技术人员，在深入调研、整体规划的基础上，编写出版一套纺织服装类相关专业基础课、专业课教材，该批教材将涵盖本科院校的纺织工程、服装设计与工程、非织造材料与工程、轻化工程（染整方向）等专业开设的课程。该套教材的首批编写计划已顺利实施，首批60余本教材将于2013—2014年陆续出版。

　　该套教材的建设贯彻了卓越工程师的培养要求，以工程教育改革和创新为目标，以素质教育、创新教育为基础，以行业指导、校企合作为方法，以学生能力培养为本位的教育理念；教材编写中突出了理论知识精简、适用，加强实践内容的原则；强调增加一定比例的高新奇特内容；推进多媒体和数字化教材；兼顾相关交叉学科的融合和基础科学在专业中的应用。整套教材具有较好的系统性和规划性。此套教材汇集众多纺织服装本科院校教师的教学经验和教改成果，又得到了相关行业企业专家的指导和积极参与，相信它的出版不仅能较好地满足本科院校纺织服装类专业的教学需求，而且对促进本科教学建设与改革、提高教学质量也将起到积极的推动作用。希望每一位与纺织服装本科教育相关的教师和行业技术人员，都能关注、参与此套教材的建设，并提出宝贵的意见和建议。

姚穆

2013.3

前 言

在信息科技十分发达的现代，时尚的蔓延已不像从前那样悄无声息，从巴黎到米兰，从伦敦到纽约，然后再到全世界。当人们还在津津乐道这一季的流行时，下一季的时装盛宴已经闪亮开场，所有的时尚信息都是如此迅雷不及掩耳。如今，潮流时尚再也不是单一的盲从仿效，而是各种风格都能尽展其芳，没有了固定统一的模式，取而代之的是各施所长的争奇斗艳。

纵观世界各个品牌发布会、服装博览会，种类繁多的衣料给人们带来前所未有的视觉冲击和穿着触感，在休闲生活的主流引导下，梭织服装不再独霸一方，各式各样的针织服装开始悄然崛起，并且生机盎然地遍布于各个服装市场。随着科技的发展和无数设计师创造力的提升，针织服装的品种、质量、数量都得到了迅速的发展。传统针织衫向装饰针织衫、补整针织衫、保健针织衫等多方向发展。针织衫外穿以及外衣时装化、个性化、高档化已经成为针织服装的新主题，各种新型面料和款式的针织T恤、运动服、休闲装都深受消费者喜爱。

针织服装适应原料性较广，如羊毛、羊绒、羊仔毛、兔毛、驼毛、马海毛、牦牛毛和化学纤维的纯纺纱及混纺纱等。针织服装所用的组织结构变化较多，能使之具有很好的延伸性、弹性、保暖性和透气性，它手感柔软、表面丰满、穿着贴体、舒适随意，经久耐穿。针织服装款式新颖、色泽鲜艳、花色品种繁多，既可内穿也可作为外衣穿用，并且男女老少皆宜，穿着美观大方。因此，针织服装已经逐渐成为人们衣橱里的必备服装。

为了适应潮流，为了满足人们对针织服装的需求，对于针织服装的设计研究，已经成了现代服装设计师的必修课。

在本书的编写过程中承蒙北京、上海、江苏、广东、香港等地的针织服装品牌企业、相关院校提供资料，并组织力量参加审稿、提出修改意见，对此表示衷心感谢。

特别感谢中国针织工业协会、江苏省纺织工程学会、中国针织电脑横机应用技术研究中心，感谢米索尼、贝纳通、鄂尔多斯、协大、金龙科技，感谢倪寅、刘刚、郑翠红、林雨华、冯晓天、吴艳、唐颖、杨停、辛国红、周影、林茹、崔雅秦、李梦楠、程雅娟、沈晶、汪璟、谢灵巧、史雅杰、吴小艺、任道远等为本书的编写提供了素材、资料和建设性的意见。

由于服装业发展变化快，针织服装设计在国内外系统地予以介绍的著作还不多见，也由于笔者的水平所限，书中疏漏和不尽如人意之处在所难免，希望专家、同行和读者批评指正。

编著者

2014.4

目 录
Contents

第一章 针织服装设计概述

第一节 ● 设计的概念

一、设计的含义

针织服装设计是服装设计的一个门类，它是大的设计领域中的一个分支。那如何理解设计呢？"设计"一词起源于拉丁语"designare"，原意为用记号表现计划，相当于汉语中的"图案"和"意匠"，是指在制造物品之前的各种各样的构思设想。相应的法语词汇是dessein（计划）、dessin（草图），德语是Entwurf，意大利语是disegno，日本语有"意匠""图案""计画""设计"等。在英汉辞典中，设计（英语design）的解释有"计划""规划"的意思。在波里塔尼加（britannica 1768年于英国创刊，现在美国发行）的百科字典中，designare是指发展行动计划的过程，是指将一张画或模型展开的计划方案或设计方案。

由于设计的本意是"通过符号把构思表现出来"，意思是把构思变为可视的具体图形，所以，很多人狭义地认为造型、色彩、装饰的创造就是设计。广义地讲，设计是在客观条件的制约下，本着某种目的进行创造性的构思设想，并用符号将其具体地展示出来的一种活动。也就是说设计既是运用符号来表达构思的可视性内容，又是根据构思来解决问题的创造性行为。从形象上看，设计是指对物品的外观设计或工艺设计；从逻辑上看，设计是指对物品的功能设计；从哲学上看，凡是创造都是一种广义的设计；从艺术上看，设计也属于艺术创作，因为它具有"用一定的物质材料塑造可视平面或立体形象，反映客观世界具体事物"的造型艺术的特性，包含着美学因素。美术和设计不同之处是：美术作品的产生是意识形态的创造活动，称为"创作"；而设计作品的实践是物质形态的创造活动，称为"设计"。设计最重要之处在于要创造一种新的生存方式和生活方式。

综上所述，可以从两个方面理解"设计"的含义。一是作为名词来讲，设计是指在做某项工作之前，根据一定的目的和要求，预先制订的计划、方案、蓝图或模型。二是作动词讲，设计是指把人们头脑中有目的的构思设想，运用符号形象地表示为可视内容的创造性行为。

时代在前进，科技在进步，设计的概念与范围也随之而发展，"21世纪是设计的时代"已成为越来越多人的共识。

二、设计的分类

设计包罗万象，其分类也多种多样，通过对设计种类的概括和划分，可以了解服装设

人
people

视觉传达设计　生产设计

空间 环境设计

社会
society

自然
nature

图1-1-1

计在整个设计领域所处的位置和作用，见图1-1-1。

在不同类别的设计中，视觉传达设计是运用视觉元素、视觉语言、视觉途径、视觉运动和视觉心理的原理，对形态和色彩的传达进行系统研究，是用现代设计理念在人与社会之间传达信息的一种设计。产品设计泛指对一切实物形态的、具有实用意义的物品的设计。空间环境设计是指对人、物、场所、自然四者之间关系综合处理的设计，是通过物质手段解决功能与美观、方式与舒适、地域与象征、形式与经济等对立与统一的关系。综合设计是对设计对象多元的或非常规空间状态的构成要素按一定目的进行的组合设计。

三、设计的本质

实用与美观的统一是设计的精髓和本质所在。人类在生存本能的基础上追求美感，其中就包含了实用的意识和美观的意识。实用的意识是科学的意识，美观的意识是艺术的意识。设计是"科学"与"艺术"融为一体的产物。单纯强调"实用"的产品，只能满足人的本能需要，不能称为设计。单纯强调"美观"的作品，忽视了人的本能及功能要求，也不能称其为设计，只能是艺术范畴的初级品。现代设计的本质意义，贯穿于人的缔造现代化的全过程，设计师追逐着人们行为的物质需要和对美的情感需求不断创造充满生机的生活方式。

第二节 ● 针织服装的特点与分类

一、针织服装的特点

针织服装是指以线圈为最小组成单元的服装。而梭织服装的最小组成单元则是经纱和纬纱，见图1-2-1。

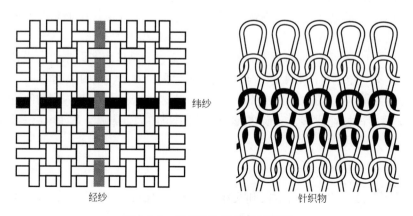

纬纱

经纱

针织物

图1-2-1　梭织物与针织物的区别

针织服装分经编和纬编两大类。一般经编类面料具有结构紧密、挺括、延伸性小、不易脱散、不易变形的特点；纬编类面料具有手感柔软、弹性好、延伸性大、穿着舒适的特点。

针织物与梭织物的基本区别在于纱线的集合组织结构不同。梭织物的组织结构是由两组互相垂直的经纬纱线相互交织而成，最小组成单元则是经纱和纬纱。而针织物是指利用织针等成圈机件把各种原料和品种的纱线弯曲成线圈，再经相互串套连接形成织物。针织物的结构单元为线圈，每个线圈由一根或者几根纱线形成。使用原料较广泛，有棉、毛、麻、丝和涤纶、锦纶、腈纶、维纶以及涤/棉、棉/腈、毛/腈等混纺纱。纱线的线密度根据针织机的机号、品种要求等确定。

针织服装比梭织服装起步晚、历史短，但由于针织面料具有许多梭织面料不具备的独特优点，近年来，全球针织服装得到了迅速发展。针织面料质地柔软，有良好的抗皱性和透气性，并有较大的延伸性和弹性；轻薄面料悬垂性好、飘逸感强，穿着舒适，贴身合体，无拘谨感，并能充分体现人体曲线。现在针织服装已由传统内衣向装饰内衣、补正内衣、保健内衣发展，并且内衣外穿，外衣时装化、个性化、高档化已成为针织服装的新主题。

二、针织服装的分类

针织服装分为以下几种类型。

针织毛衣：各类羊毛衫、羊绒衫、驼绒衫等。

针织运动服：竞技类专业运动服及休闲类运动服。

针织时装：各类针织面料做的时装外套。

针织内衣：各类内衣，包括棉毛衫裤。

针织T恤：各类T恤。

针织配件：各种类型的袜品、围巾、帽子、手套等。

针织服装的花色品种繁多，类别又非常广泛，很难以单一的形式进行分类。因此，一般可根据原料成分、纺纱工艺、织物结构、产品款式、编织机械、修饰花形、整理工艺等进行分类。

（一）针织服装按原料成分分类

1.纯毛类织物

原料为山羊绒、绵羊绒、驼绒、牦牛绒、羊毛、羊仔毛（短毛）、驼绒及兔毛等纯毛织物。

2.混纺纯毛织物

原料由两种或两种以上纯毛混纺和交织织物。如驼毛/羊毛，兔毛/羊毛，牦牛毛/羊毛等。

3.各类毛与化纤混纺交织织物

原料为各类毛与化学纤维的混纺和交织，如羊毛/化纤（毛/腈、毛/锦、毛/黏）、马海毛/化纤、羊绒/化纤、羊仔毛/化纤、兔毛/化纤、驼毛/化纤等。

4.纯化纤类织物

原料为纯化学纤维，如腈纶衫、涤纶衫和弹力锦纶衫等。

5.化纤混纺织物

原料为各种化学纤维间的混纺和交织，如腈纶/涤纶、腈纶/锦纶等。

（二）针织服装按纺纱工艺分类

1.精纺类

由精纺纯毛、混纺或化纤纱编织成的各种产品，如粗细绒线衫、腈纶衫、裤、裙等。

2.粗纺类

由粗纺纯毛和混纺毛纱编织成的各种产品，如兔毛衫、羊绒衫、羊仔毛衫、驼毛衫等。

3.花式纱类

由双色纱、大珠绒、小珠绒、自由纱等花式针织绒线编织成的产品，如大、小珠绒衫等。

（三）针织服装按织物组织结构分类

针织服装所用的织物组织结构主要有平针、罗纹（一隔一抽针罗纹）、四平针（满针罗纹）、四平空转（罗纹空气层）、双罗纹、双反面、提花、横条、纵条、抽条、夹条、绞花、扳花（波纹）、挑花（纱罗）、添纱、毛圈、长毛绒、胖花集圈、单鱼鳞集圈、双鱼鳞集圈以及各类复合组织等。

（四）针织服装按产品款式分类

针织服装的款式主要有针织开衫、针织套衫、针织背心、针织裙、针织裤、针织套装、毛针织时装以及各类外衣、围巾、披肩、风雪帽等装饰性强的产品。

（五）针织服装按照用途分类

针织服装按用途可以分为内衣和外衣。内衣紧贴人体，起保护、保暖、整形的作用。中衣位于内衣之外、外衣之内，主要起保暖、护体的作用，也可以作为家居服穿用。外衣由于穿着场合的不同，用途各异，品种很多，主要有日常服、工作服、社交服、运动服、休闲服等。

（六）针织服装按编织机分类

针织服装的编织机主要采用横机和圆机，其中横机主要有普通横机、花色横机、双反面机和单针床的全成型平行钩针机（柯登机）；圆机主要有单针筒圆机和双针筒圆机及提花圆机等。花式横机也包括了近年来我国自行制造的电脑提花横机和从国外引进的各类大型电脑提花横机等。

（七）针织服装按修饰花型分类

针织服装的修饰花型主要有绣花、扎花、贴花、值绒、簇绒、印花、扎染、手绘花型等。

（八）针织服装按整理工艺分类

针织服装的整理工艺主要有染色、拉绒、轻缩绒、重缩绒、防起毛起球、防缩、阻燃、砂洗等。如今，随着现代科学技术的不断进步和发展，纳米整理技术已经越来越被世人所关注，由此而发展起来的针织服装的纳米抗菌、防蛀、防螨、抗紫外线、远红外线、防水、防油、防污、自洁等整理技术也不断成熟。

针织服装除了上述几种分类方法之外，还可以按照消费者的性别、年龄、档次等进行分类。按性别分类有男装、女装；按年龄分类有婴儿服、儿童服、青年服、中年服、老年服；按服装档次分类，有以羊绒、驼绒、牦牛绒、兔毛等为原料的高档毛衫，有以精纺或粗纺纯毛纱为原料的中档毛衫，有以毛和化纤混纺以及纯化纤为原料的低档毛衫。

时代在变，观念在变，针织服装也在变。现在的针织服装再也不局限于套衫、开衫这些传统的款式，长的、短的，鲜艳的、沉稳的，活泼的、优雅的，各种风格的针织服装充满了时装舞台。原料适应性强，组织变化多，弹性、保暖性好，舒适随意，无拘紧感，诸多特点使针织服装成为设计师们的新宠。各种新材料、新技术的出现更是拓展了针织服装设计师的设计领域，多元化、个性化已成为国际性的设计潮流趋势。

第三节 ● 针织服装的结构性能

在设计针织服装时，所选用的面料不同和加工工艺不同对最后的针织服装的款式造型都会有很大的影响，这主要跟所选择的面料本身的性能有关。针织服装主要有以下几大性能。

一、针织物的弹性

针织物的弹性也称为拉伸性。由于针织物是由线圈穿套而成，在受外力作用时，线圈中的圈柱与圈弧发生转移，外力消失后又可恢复，这种变化在坯布的纵向与横向都可能发生，发生的程度与原料种类、弹性、细度、线圈长度以及染整加工过程等因素有关。因此，针织服装手感柔软、富有弹性，穿着适体，能显现人体的线条起伏，又不妨碍身体的运动。这是针织服装一个非常显著的特点。

二、针织物的脱散性

当针织物的纱线断裂或线圈失去穿套连接后，会按一定方向脱散，使线圈与线圈发生分离现象，因此，在设计款式与缝制工艺时，应充分考虑这一现象，并采取相应的措施加以防止。

三、针织物的卷边性

某些针织物在自由状态下边缘会产生包卷现象，这种现象称为卷边性。这是由于线圈

中弯曲线段所具有的内应力企图使线段伸直而引起的。在缝制时，卷边现象会影响缝纫工的操作速度，降低工作效率。目前，国外采用一种喷雾黏合剂喷洒于开裁后的布边上，以克服卷边现象。

四、针织物的透气性和吸湿性

针织面料的线圈结构能保存较多的空气，因而透气性、吸湿性、保暖性都较好，穿着时有舒适感，是一种较好的具有功能性、舒适性的面料，但在成品流通或储存中应注意通风，保持干燥防止霉变。

五、针织物的抗剪性

针织物的抗剪性表现在两个方面：一是由于面料表面光滑，用电刀裁剪时，层与层之间易发生滑移现象，使上下层裁片尺寸产生差异；二是裁剪化纤面料时，由于电刀速度过快，铺料又较厚，摩擦发热易使化纤熔融、黏结。

六、针织物的纬斜性

当圆筒纬编针织物的纵行与横行之间相互不垂直时，就形成了纬斜现象，用这类坯布缝制的产品洗涤后就会产生扭曲变形。

七、针织物的工艺回缩性

针织面料在缝制加工过程中，其长度与宽度都会发生一定程度的回缩，其回缩量分别与原衣片长、宽尺寸之比为缝制工艺回缩率。回缩率的大小与坯布组织结构、原料种类和细度、染整加工和后整理的方式等条件有关。工艺回缩性是针织面料的重要特性，缝制工艺回缩率是样板设计时必须考虑的工艺参数。

数据证明，近几年来，针织面料以它独特的织物风格特性在流行服饰中的比例不断上升。针织服装质地柔软、吸湿透气性能好，具有优良的弹性与延伸性，穿着针织服装能满足人体各部位的弯曲、伸展。穿着者会感觉到非常舒适、贴身合体、无束缚感并且能充分体现人体曲线。针织服装在时尚的舞台上扮演着越来越重要的角色。

第四节 ● 针织服装的历史演变与流行

一、针织服装的起源与发展

织物是传承文明的极好方式，针织作为一种民间技艺，可以追溯到久远以前。《圣经》中不止一次地提到编织，当耶稣被捕时，他身上穿的便是一袭无缝合线的针织长衫，这说明在两千年前，就已有无缝合线的记载。

（一）关于针织的历史记载

针织历史的引人之处不仅在于有很多关于它的神话和传说，而更在于它是如此平民化的、具有亲和力的实用技艺，关于它的故事很有趣。例如无敌舰队（1558年，西班牙国王菲利普二世派征英国的舰队）上的西班牙人教会苏格兰费尔岛（the Fail Isle）上小农场的佃农用当地的植物作燃料染毛线并编织，形成了至今仍广为使用的费尔岛花型，而阿兰花（the Aran pattern）则拥有数千年的历史，两千年前加利里的渔夫便戴着阿兰花型的针织帽。

（二）针织品的发源

从考古学的角度来说，中东是针织品的发源地。而公元4世纪有大量的针织袜子在埃及的坟墓被发现。现在一般认为针织品是由阿拉伯国家通过贸易路线，途径西班牙，传到欧洲其他国家的。在中世纪，针织品在欧洲大陆奠定了坚实的基础，其中法国和意大利的针织品最为发达。这些早期的针织品都是以手工编织为主的，其工具非常简单，有细棍、骨头针、木制品，甚至是动物身上长得刺，使用这些工具钩编受到普遍的欢迎。早期成品包括袜子、手套等，现存最早的真正的针织品应该是古埃及出土的针织短袜，具有非常精美的图案。但可以称得上毛衫的最早针织原形应该是苏格兰渔夫衫，穿着舒适，款式简单，一直沿用至今。大约在13世纪，意大利形成了比较完整的编织针法体系。在美洲大陆开始有了欧洲移民的时候，这些工艺又被带到了美洲。

（三）历史上的针织工艺

早期的针织品都是手工制作，毛衫编织机的起源应该是在1589年，由一位英国牧师威廉李设计的第一台手动脚踏式袜子编织机，见图1-4-1。这台编织机一直用了好几百年，直到工业革命以后，机械编织才逐渐代替了手工编织。1725年，法国纺织机械师布乔想出了"穿孔纸带"的绝妙主意，布乔首先设法用一排编织针控制所有的经线运动，然后取来一卷纸带，根据图案打出一排排小孔，并把它压在编织针上。启动机器后，正对着小孔的编织针能穿过去钩起经线，其他的针则被纸带挡住不动，这样一来，编织针就能自动按照预先设计的图案去挑选经线，成为毛衫花样组织编织的雏形，机械的发展带动着工艺的进步。

法国机械师杰卡德大约在1805年完成了"自动提花编织机"的设计制作。1817年英国的马歇·塔温真特发明了针织机和带舌的钩针，使欧洲的袜业得到了迅速的发展。1863年美国人拉姆发明了带舌针的平型罗纹针织机，生产成形衫，标志着羊毛衫工业的开始。接着英国人科顿发明了钩针平行针织机。19世纪末，英国人休特林根发明了双头舌针的平型双反面机，使世界针织毛衣工业得到进一步发展。在19世纪，针织毛衣的加工业还是以家庭加工厂为经营方式，并开始有编织类的书籍出售。第一次世界大战后，针织品的需求量越来越大，1920年左右已经开始流行毛衣了。

图1-4-1　威廉李发明的编织机

（四）针织品在我国的发展历史

在我国，20世纪50年代针织品主要还以内衣为主，20世纪70年代整个服装市场领域就呈现出向针织服装发展的趋势，其品种迅速扩大到T恤、毛衫、外衣等。近年来，新型和特种针织面料的不断问世与应用，人们对结构与功能新颖的服用针织产品的更高要求，电子、计算机、信息技术的飞速发展，都促进了针织工艺技术的不断革新，并且使针织机械设备在设计、加工与制造水平等方面日益提高。与此同时人们的生活水平得到改善，文化、品位日益提高，着装理念也发生了新的变化，由过去传统的注重结实耐穿、防寒保暖到转变为当今的崇尚时尚自由、运动休闲，强调舒适合体、随意自然、美丽大方，更加青睐于个性与时尚能够完美结合的服装，因此，针织衫也逐渐向外衣化、时尚化、品牌化、高档化的方向发展。

（五）针织设计形成产业

19世纪末到20世纪初，针织毛衣的穿着者和制造者主要分布在欧洲地区的沿海地带。例如爱尔兰、英国和北欧的一些沿海城市。针织毛衣具有良好的保暖性，穿着者以渔民为主，有些沿海地区也利用地理优势向往来的商船出售针织毛衣或交换货物，所以当地的妇女都有着精湛的编织技巧。很长时间以来针织毛衣一直作为内衣来穿着使用，直到第一次世界大战之后，着装的风格发生了巨大的变化，毛衣才形成了外穿化的最基本的形态。

随着维多利亚式服装的衰退，在19世纪三四十年代针织品的设计开始萌芽，并出现了一批杰出的设计师，其中最出名的针织设计师是夏帕瑞莉（Schiaparelli），她雇用了外国的移民为她的服装品牌生产高级针织品，生产加工手工编织的套装。她设计的时装很大程度上受到超现实主义大师达利的影响，设计出了胸前有蝴蝶结提花图案的著名款式。服装设计师夏奈尔（Chanel）也设计了许多优秀的针织作品，例如著名的夏奈尔针织套装，沿袭了夏奈尔一贯的简洁时尚的风格。20世纪50年代在战后新世界的气氛之下，手工毛衣开始变得不合时宜。平整的，制服型的机织毛衣被认为是时髦的。当时的针织毛衣在款式设计和色彩的选用上都十分的典雅和朴素。

在20世纪60年代，针织服装面料里开始涌现出来人工合成纤维，取代了毛、棉和麻等天然纤维的主导地位，生产了大量的廉价的服装。由于人口结构的变化，20世纪60年代服装的年轻化是一个必然的趋势，体现在针织服装的设计上，就是受到"摩登"风格的影响，形成了一种极端个人化的混杂的着衣风貌。在现在看来当时的针织毛衣设计是色彩鲜艳，甚至是很花哨的。20世纪70年代人们重新认识到环境污染和回归自然的重要性，天然纤维和弹性的风格开始流行。在20世纪70年代中期，条纹图案无处不在，从服装到围巾、帽子等服饰品。设计师把人们的破坏情绪和手工编织的技法结合起来，设计出了许多直到今天依然很受大众喜爱的款式。在20世纪80年代服装的风格中最大的变化是轮廓变得宽松而肥大，受这种风格的影响，针织毛衣的设计也是以直筒宽松为主，在花型的设计上强调设计的视觉效果，相对应服装的宽松大花型的设计是十分流行的。20世纪90年代在世界经济走向一体化的同时，各国文化交流日益频繁，设计风格相互交融。进入21世纪后，文化越来越多的呈现出多元的倾向，毛衫的设计风格也更加丰富多彩。高科技更成为毛衫设计发展的加速器，利用先进的生产技术和丰富的历史资源，针织毛衣的设计正走向一个多元化和快速发展的时代。

二、我国针织服装的发展状况

（一）我国古代针织技术的发展（公元前300—公元1840年）

早在2200多年以前，我国人民已能以蚕丝为原料手工编结用于服装装饰的窄带，至公元四五世纪，编织开始流行于世界各地，从棉制的手套到真丝的袜子，直至现在的毛衫、毛裤等。针织的早期形态是手工编结（hand knitting）。手工编结是人类的一种早期发明，古时渔网的制造，就是一种针织形式的基本运用。

1982年在我国湖北江陵马山砖瓦厂出土的真丝针织绦，经我国考古学家确认，为公元前340年～公元前278年战国中晚期的手工编织针织物品，距今约有两千多年，属单面双色提花丝针织物。其组织结构为线圈以重套的方式串套，形成闭口型线圈的结构。该织物结构显示出了线圈结构的组织元素，由线圈相互串套而形成针织物以及花色针织物的组织概念等，与现在所确立的针织原理是一致的。

我国针织物的最早记载是在三世纪初，曹魏时期文帝曹丕之妃织的成形袜子，且比埃及出土的粗毛针织袜早200年左右。我国手编技术历史悠久，技艺高超，可编织出现代针织机器上仍无法织出的极为复杂精致的针织品。日本元禄时代（17世纪）的《猿又集》诗集中有"唐人故里天气冷，人们穿着针织袜"的记载，说明在我国明代，人们喜穿针织袜已很普遍，但当时的生产技术仍处在手工编织的水平。

（二）我国近代针织技术的发展（1840—1949年）

我国古代长期的封建统治，重科举、轻科技，严重阻碍了科学技术的进步，工业发展缓慢，以致手工编织的生产方式与技术状态持续了很长时间。1896年，我国第一家针织厂在上海成立，标志着我国针织工业的开始。

新中国成立前，我国仅在上海等少数沿海地区有一些小型的编织社。生产技术落后，原料主要依靠进口，设备也只是一些简陋的手摇机。新中国成立后，针织服装的生产技术由于国民经济的全面发展而得到相当大的提高。生产规模不断扩大，设备得到较大更新，我国的针织机械厂不仅能生产普通针织横机，而且还生产了各种不同类型的半自动和全自动的针织横机。另外，针织服装生产中的圆机设备也得到了较大的更新和改进。针织服装的发展和生产能力的壮大是与生产机械的高速发展密不可分。针织服装的编织技术是在19世纪末期才传入我国的，20世纪的前半段时期我国一直处于战争的状态，导致针织毛衣生产的发展十分缓慢。由于社会的动乱，没有形成什么大规模的生产格局，针织毛衣主要靠妇女在家庭当中的手工编织，由于物资困乏，所以当时的针织毛衣多为纯色编织，利用组织结构的变化做一些小小的装饰。

（三）我国现代针织技术的发展（1949年以后）

新中国成立以后针织毛衣的生产随着纺织工业的发展也得到了一定的发展，但是由于当时的设备落后，时尚信息闭塞加上服饰配件体系的不完善，编织工厂加工出来毛衣款式十分有限，多以基本款式为主，也有的在针织毛衣上使用了手绣工艺作为装饰。家庭的手工钩编技术在这一段时间得到了快速的发展，这是出于经济上的节省，实用和爱美之心共同驱使的结果。在大多数的家庭里面妇女们都会为自己的家人编织毛衣，社会上也出版了一些介绍毛衣编织的小册子，甚至有单片的服装款式图出售。这种状况持续了三十多年直到20世纪80年代中期，由于改革开放的影响使人们更多地了解到了外面的世界，加上经济生活的好转，长期受压抑的对美的追求一下子迸发了出来。20世纪80年代真可谓是一个"百花齐放"的年代，表现在针织毛衣的设计上，艳丽的色彩，大造型的花卉和几何图案，配以浓艳的脸部化妆成了那个时代的一大特征，手工编织在这一时期仍然十分的火热，机械编织也得到了十分迅速的发展。

编织类的图书如雨后春笋般冒了出来，并且都是彩色版，图文并茂。在电视里也出现了关于编织的专题讲座，由编织专家进行主讲，可见人们追求美的热情十分高涨。在20世纪80年代到90年代，我国的经济迈上了高速发展的轨道，人们的生活节奏也在加快。

到了20世纪90年代手工编织就迅速的衰弱，面临激烈的社会竞争新生代的人们实在是没有空瑕的时间用手工来编织毛衣了，除了手工编织加工厂和中老年妇女还在手工编织以外，手工编织从生活的需要变成了一种生活的消遣。针织毛衣服装工厂的规模也迅速地扩大起来，我国针织毛衣的品牌也得到了很大的发展，如鄂尔多斯、春竹、恒源祥等。

随着生活水平的不断提高，人们对针织服装的需求也在不断上升，不但要求针织服装舒适随意、柔软合体，而且要求针织服装新奇、美观、高档，因此，消费者对针织服装的设计提出了更高的要求。针织服装在家用、休闲、运动方面具有独特的优势。随着针织工艺设备和染整后处理技术的不断发展以及原料应用的多样化，现代针织物更加丰富多彩，并步入多功能及高档化的发展阶段。跨入了新的世纪，我国的针织服装设计正逐步和国际接轨，针织服装的设计也沿着多元化的方向大步迈进，我国有着广阔的针织毛衣消费市场，设计水平的提高还有着极大空间。所以针织服装市场仍是一块尚未充分挖掘、方兴未艾的大市场。

三、针织服装的发展趋势

科技高速发展，使得传统针织服装所占的市场越来越小，现代针织服装已经进入多功能化和高档化的发展阶段，各种肌理效果、不同功能的新型针织面料被开发出来，给针织服装带来前所未有的感官效果和视觉效果。生活水平和文化品位的提高，带来着装理念的新变化，传统的注重结实耐穿、防寒保暖的观念发展到当今的崇尚时尚自由、运动休闲，强调舒适合体、随意自然又美丽大方，更加青睐于个性与时尚能够完美结合的服装。

（一）针织服装品类的多元化

针织产品已经从传统的"老三衫"（汗衫背心、棉毛衫裤、绒类衫裤）的单一品种，发展成为各种内衣、外衣及配饰等产品全面开花的局面。市场不断涌现出各种舒适性好、款式新颖、色彩丰富、风格各异的针织衫裤及休闲装毛衫以及各种保暖内衣、保健抗菌内衣、美体束身内衣等；各种仿真丝、仿毛、仿麻、仿皮、改性天然纤维针织品和防皱、抗污、阻燃等功能性产品以及高档绒类、毛圈、提花系列产品，满足人们的需求，并在一定程度上引导消费趋势。

针织服装在现代服装中占据越来越重要的地位，成为现代人着装方式中不可缺少的一部分。着装方式相对以前来说也有所改变，出现了针织内衣由"内"转"外"的内衣外穿新趋势。还有层叠式的穿衣方式：粗细不同材质的毛衫重叠、毛衫与梭织服装的重叠、紧身服装和宽松服装重叠。从穿衣季节来说，由于现在所开发的纱线品种繁多，所以已经不局限于某个季节，一年四季都能找到合适的针织服装。

（二）针织服装的时装化、品牌化路线

针织服装已经摆脱了过去平庸的外貌，如今不管是在秀场上，还是在市场上所看到的针织服装都充分体现了设计师的想象力和创造力。在款式、色彩、细节处都融入了时尚元素，向时装化、品牌化发展，如图1-4-2所示。设计风格尊重过去，尊重自然，从历史和生态中寻找灵感，虔诚地寻求简单和本原。源于传统却更加时尚，源于自然却更具科技感，将技术与需求相结合，消融经典与现代之间的对立产生创新的组合，体现实用、舒适、完美。

图1-4-2　针织服装着装的时装化

针织服装已成为许多世界名牌时装公司的主打成衣产品，它多元化、个性化的发展新概念已广泛被人们所接受。受大环境的影响，国内的针织服装业也随之发展迅猛，趋于成熟的针织品牌越来越多。

在硬件方面，中国针织行业引进了大量的先进设备，其中不少设备达到国际先进水平，如提花大圆机、高速经编机、电脑袜机。国产针织设备制造水平亦有所提高，大圆机、经编机及印染、后整理设备在不少常规机型方面达到国际先进水平，为改善针织行业生产技术水平作出了重要贡献。针织行业在一批龙头企业的带动下，大力开发针织新产品，较好地满足国内市场对量大而品种多的针织产品的需求，有力地推动了国内针织品市场的繁荣。针织产品休闲化、个性化、高档化、时装化、品牌化趋势日益明显，全行业进入品种开发推动产业升级的重要时期。

（三）针织服装适应绿色环保的时代发展总趋势

所谓绿色环保服装，是指在原料、生产、加工、使用、资源回收利用等全过程中，能起到消除污染或没有污染，保护环境、维护生态平衡，对人体无害，且有益于身体保健作用的服装。在当今社会，随着工业化发展和物质文明的推进，人类赖以生存的地球遭到越来越严重的环境污染，给人类的生存造成了严重的威胁。因此，世界各国对环保问题都极为重视，在"我们只有一个地球"的口号下，环保问题已成为本世纪人们极为关注的焦点。"绿色产品""绿色消费"已成为国际潮流。在欧洲，由于人们环保意识的日益增强，人们视穿着回收废旧纺织品为材料制作的服装为时尚，如法国巴黎的高级时装设计师推广由穿过的和剩余的衣服拼搭成五彩缤纷的女装，购买者十分踊跃。"生态服装"不仅可以时刻提醒人们关注世界环境问题，而且有助于人们松弛神经，清除疲劳，心情舒畅，因此，"生态服装"将成为当代世界时装发展的一种新趋势和潮流。

顺应安全、环保的市场需求，顺应消费者对针织服装舒适性、环保性的要求，所选择的纱线材质强调舒适、柔软、轻质、性感，且具有功能性，高档的天然材质与人造纤维素纤维和大量改性合成纤维相互融合。染整成为产品设计和重构的重要创新手段，注重色彩与质地的对比。传统的再造，强调肌理效果与组织结构，制作蓬松柔软的效果。厚而密实，硬挺感、防护、盔甲般的外观提供给人安全的保障。纱线与面料可循环利用，新的纺织技术和后加工方式创造出似是而非的效果，奢华和略带夸张，新颖与实用的涂层效果。功能性需求日趋增加，关注多重功能的复合。"绿色产品""生态纺织品"等概念已经大范围进入国际服装贸易领域。海外买家对中国出口的服装产品生态环保要求日趋严格，实施绿色战略已经是我国外贸针织企业赖以生存和发展的必由之路。为了实现我国纺织工业的可持续发展，利用可再生资源开发新型原料已成为当务之急。所以针织服装企业转变传统的经营思路，研发新型环保以及再生针织材料是适应国际市场环境的明智之举。

综上所述，人们新的着装理念，为针织服装拓展市场建立了坚实的群众基础。国际贸易规则中频频出台的新贸易规则对于环保、安全的高度重视，为针织服装企业提出了新的课题。我们坚信科学技术的进步，针织行业的发展，一定能进一步促进针织产品的高质化、时尚化、生态化，从而形成广阔的市场占有率。

第二章 针织服装的设计思维

　　设计是设计师有目的地进行艺术性的创造活动。设计是为了某种目的，制订计划，确立解决问题的构思和概念，并用可视的、触觉的媒体表现出来。设计的英文是Design，原意与艺术形态有关，后来规范为方案性的构思计划，有设想与计划的意思。

　　所谓设计思维，就是构想、计划一个方案的分析、综合、判断和推理过程。在这个过程中所做工作的好坏在某种程度上会影响到设计作品的质量，这个"过程"有着明确的意图和目的趋向，与人们平时头脑中所想的事物是有区别的。人们平时所想的往往不具有形象性，即使具有形象性，也常常是被动的复现事物的表象。设计思维的意向性和形象性是把表象重新组织、安排，构成新的形象的创造活动，故而，设计思维又称为形象思维和创造性思维。

　　设计思维时常伴随灵感的闪现和以往经验的判断，才能完成思维的全过程。思维是因人而异的，不可相互替代。每个人的思维与他的经历、兴趣、知识修养、社会观念，甚至天赋息息相关。任何一件服装的设计，都是多种因素的综合反映，因而就出现了差异，设计方案也就出现了好坏优劣之分。

　　其实，设计思维本身并不神秘，几乎所有人都曾遇到过、运用过。例如，当布置家居时，有些东西是随意放置的，而有些物品，尤其是很珍惜并希望别人重视的物品，往往要经过一番精心的布置，要考虑它的位置是否合理，是否也能受到别人的重视等问题。又如，当准备穿一件非常喜欢的毛衣时，总要考虑一下搭配什么样的下装比较合适，穿什么颜色的皮鞋才好看，甚至，内衣、耳环、拎包等服饰品也不会轻易地忽略，直至取得最令人满意的效果。这些不被人重视的"精心布置"和"考虑一下"的思考过程，如果变成一种有意识、有创意的思索，基本上也就成为设计思维了。

第一节 ● 针织服装设计创意的程序

　　针织服装设计创意就是灵感出现以后，需要有一定的表现程序来处理，否则，再绝妙的灵感也会成为泡影。一般而言，灵感的表现程序有以下几个步骤。

一、创意漫想

灵感有时是个不可捉摸的思想精灵，它常常不期而至。因此，迎接灵感的出现最好以漫想的方式进行。所谓漫想是指不经意和无羁绊的想象，是在轻松的气氛中进行的。漫想的过程是量变到质变的积累，灵感既可能在漫想的过程中出现，也会在漫想中断后突然出现。漫想也可以利用设计方法中的联想法进行，由一个事物展开放射思维，直至出现所需的灵感。灵感并没有鲜明的标志，一个念头、一种突然领悟的感觉，都可能成为引发灵感的火花。

二、灵感记录

由于灵感能保持的时间比较短暂，若不及时记录，便会稍纵即逝。即使以后还会出现同样的灵感，但就其时间意义和原创意义来说，显然不如第一次出现时那么有价值。记录的方式可以是多种多样的，按照每个人的工作习惯和环境条件而定。记录方式大致上有图形、文字和符号三种，或规则或潦草，只要自己能看懂就行。为了表现某个主题，可以多积累一些出现过的灵感然后进行选择。例如，为主题定为"神圣、纯洁"的运动会中的采火少女设计服装时，既可想到古希腊时代少女装束，也可利用中世纪宗教意味服装，既可以用诗歌中的少女为蓝本，也可用时代少女为楷模，灵感出现时及时记录下来，再由这些灵感发展成的最终效果来确定设计效果。

三、草图整理

记录下来的灵感一般是比较潦草且简单的，也并非每个灵感都适合用到服装上去。尤其在记录下众多灵感之后，更要注意对灵感的整理。可以对每个灵感进行一定程度的放射与发散，并从中找到最佳发展方向。整理设计灵感一般在可视状态中进行，将记录的文字或符号图形化，画成设计草图。草图尽量多画一些，不仅可以为系列化设计铺平道路，同时，多画草图有助于提高设计速度，也可能遇到灵感的再次出现。能迅速绘制设计草图也是灵感的专注性和增量性的表现之一。草图确定以后，可以用细致完整的服装效果图形式表现。

第二节 ● 针织服装设计创意的思维方式

服装设计是一个复杂的思维过程，服装艺术创造既需要形象思维又需要抽象思维，既需要想象力，又不能脱离包装人体、制作工艺这些现实条件的制约以及市场的检验。作为一位合格的服装设计师，需要具有高度的想象力和创造力，能够将各种思维方式结合运用，同时还要懂得服装的商品性和实用性，这样才能创造出实用新颖，且受大众所喜爱的服装产品。在进行针织服装设计的创意构思时，一般从两个方面入手：一是从整体到局部，二是从局部到整体。无论哪一方面，都一定要注意整体与局部、局部与局部的协调关系，不能将不调和的因素堆放在一起。在设计中，照搬是不可取的，而借鉴则是必不可少的，借鉴中的创新能取得更好的设计效果。针织服装中的毛衫设计千变万化，其设计思维的方法也是各种各样的，但基本方式大致有以下几种。

一、发射思维

发射思维也称"开放思维"，就是从多种角度进行多维的思考，设想出多种方案，是活跃设计、展开思路、寻求最佳方案的思维过程。这一思维多用在服装设计的初级阶段，如图2-2-1所示。

图2-2-1　"发射思维"实例——绞花

在运用发射思维时，往往是用明确的或被限定的因素和条件作为思维发射的中心点，据此展开想象的翅膀。一条线索不行，再寻出路，整个思维方式构成发射状，故称"发射思维"。运用这种思维最忌讳思维僵化和框框的限制。以毫无思想顾虑，"打一枪，换一个地方"为最佳状态。在跳跃式的思维想象中，时常伴随着灵感的闪现，并可体会"山重水复疑无路，柳暗花明又一村"的意境。

二、收敛思维

收敛思维也称"聚敛思维"，就是一种方案深入地想，是设计深化、充实、完善的过程。

在服装设计中，当有了明确的创作意向之后，究竟以什么形式出现，采用什么形态组合，利用什么色彩搭配以及面辅料的选择等具体问题，尚需一番认真的思索和探寻。如果说运用发射思维阶段，表现了一个人的灵性和天赋的话，那么，设计的深入阶段，则是对设计者的艺术造诣、审美情趣、设计语言的组织能力和运用能力及设计经验的检验。同样一个主题、一种意境，可以有着许许多多的表现形式。

在毛衫设计中，常常会出现好的立意和构思因得不到相应的表现而失败的创作。故而，收敛思维的训练是非常必要的。通过训练可以掌握一些基本的思维方法，使设计构思达到最佳状态，使主题得以充分的表现（图2-2-2）。

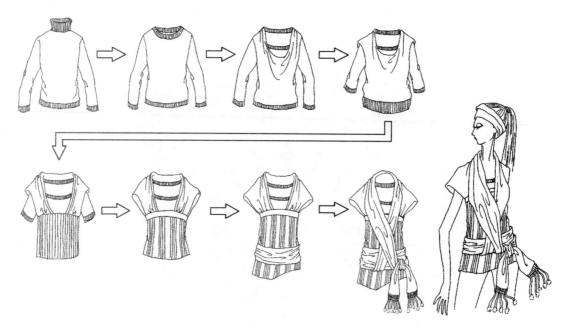

图2-2-2 "收敛思维"设计实例

三、侧向思维

侧向思维，也可叫作"类比思考法"，就是在其他事物中寻求共同点，利用"局外"信息获得启示的过程。

侧向思维是设计灵感源于生活、表达生活体验和感受的一种思维方式。例如一些"仿生"服装造型和一些以植物、动物、景物等自然形态或人为形态为主题的设计（图2-2-3、图2-2-4），采用的都是侧向思维。一些成熟的服装设计师，常常借助于作品表达自己对生活中某种事物的深刻感受或独特见解，或设计灵感萌生于生活的启迪。

在生活当中，也不乏想用服装表现某一事物的人。然而，愿望归愿望，真正实施起来却不容易。因为，事物与服装各有所属，二者之间的联系并不是直接的，必须是在掌握一定的服装设计造型语言的基础上，具备一定的侧向思维能力，经过一番认真细致的观察、提炼、转化的再创造过程，才能设计出切合时尚、造型别致、形神兼备的服装。当然，这一创造并不是凭空想象和生搬硬套，而是相互共性的沟通和发现，是形态特征、风格特色以及内在精神的感悟，才会使设计师产生强烈的创作激情。

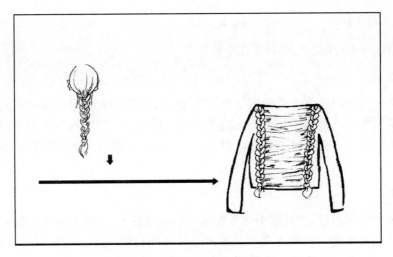

图2-2-3 "侧向思维"设计实例1

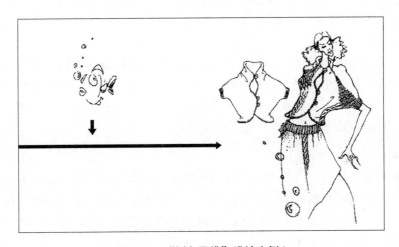

图2-2-4 "侧向思维"设计实例2

四、灵感引导思维

　　灵感是指人们长期从事于某一事物过程中产生的突发性思维。灵感在人类思维活动的潜意识中酝酿，在不经意中突然闪现，是人类创造过程中一种感觉得到但却看不见摸不着的东西，是一种心灵上的感应。灵感在平时是无法预想的，它是偶然产生的，在人类的创造活动中起着非常重要的作用，许多的发明创造和攻而不克的难题是靠灵感的闪现来完成的。如牛顿因苹果的落地受到启发而产生灵感发现了万有引力定律；莱特兄弟在鸟儿的飞飞落落中产生灵感发明了飞机。在科学领域，灵感的运用产生了发明，在文学艺术领域，灵感的运用产生了创作。灵感的产生不是偶然孤立的现象，而是创造者对某个问题长期实践、不断积累经验和努力思考探索的结果，它或是在原型的启发下出现，或是在注意力转移、大脑的紧张思考得以放松的松弛场合出现。无论时代如何变化，技术如何更新，设计师们那些闪现人类智慧的灵感和独特的概念将贯穿于创意设计的始终，为人们的生活添加更多的光彩。

（一）灵感的特征

灵感的出现并不神秘，它有以下几个特征。

1.突发性

灵感总是突然出现在设计者的脑子里。其实，突发性的背后带有某种必然性，当人们集中精力于某事物时，对该事物的一切都会倾注大量心血，对所有与该事物有关的东西都若有所思，久而久之，就会触类旁通，豁然开朗。因此，设计者刻意等待灵感的出现是不可取的。

2.增量性

有一位伟人曾经说过："灵感不会光顾没有准备的脑子。"刚开始接触服装设计时，由于头脑中设计素材不足、经验不多，灵感出现的频率很低。随着经验和成果的不断积累，灵感出现的频率也会逐渐增加，发展到后来，获取灵感变得轻易而频繁，所谓"脑子越用越灵活"。

3.短暂性

灵感既是突然出现的，也是短暂的。灵感常常是一闪即逝，在脑中长时间保留清晰的灵感形象很困难。灵感毕竟属于设想中的东西，而非实物形态，形象的可感知性自然没有实物的可感知性强。倘若对出现的灵感不及时记录，很有可能再也想不起来当时的灵感内容。因此，及时做好灵感的记录工作是很有必要的。

4.专注性

灵感的种类难以计数。一般来说，灵感出现的专注性较强，专门选择专业对口的头脑落户，事实上也是人们长期专注于某个事物而产生的思维结果。灵感不会自作多情地张冠李戴，例如，艺术家的脑子里不会出现解决核物理中某个问题的灵感，机械工程师也很难为服装设计师提供绝妙的灵感。

（二）捕捉灵感的方法

1.要在大脑中形成灵感闪现的诱发势态

创造者在强烈的创造欲望的支配下，把自己的兴趣、注意力、思维和情感全部集中到创造目标上，搜寻和调动起全部有关的经验、知识、信息、分析思维的各个方面，使思维进入一触即发的饱和状态。

2.善于科学用脑、张弛结合

只有在紧张的思维松弛之后才易进入意识领域，外部偶然机遇的信息也只有在紧张的思维松弛之后，才容易被及时感知和吸入到思维热场中。

3.要提高机遇发生的概率

在科学技术中，由于外部偶然信息激发创造灵感的情况很多，创造者可以通过两种途径提高概率。

① 广泛涉猎、注意多个领域和生活中的知识及事物，善于把所见所闻及时与创造目标联系起来，常常能获得启发。

② 在实验中扩大对研究对象的干预范围和力度，从而人为造成多种偶然现象或特征的出现，这可以增减对试验现象的干预控制过程和运动量，变换事物之间的质能组合方式。

4.要善于及时捕捉和发展灵感闪现的创造性火花

灵感稍纵即逝，有经验的创造者都有随时记录的好习惯。此外，灵感一般是给创造者提供一种关于解决问题关键环节的观念和思路，要把这种观念和思路变成创造性的解决问题的完整方案，还需要大量的甚至是艰巨的发展完善工作。创造者在灵感闪现后趁热打铁，一鼓作气，才能使灵感闪现的创造性火花得以保持、完善和发展，以获得创造的成功。

（三）灵感的取舍原则

在服装设计的创作过程中，并不是每个灵感都适合发展成最后的服装构思，也不是灵感的任何部分都能被设计所利用，因此，必须对出现的灵感有所取舍，才能去粗取精，更好地为设计服务。灵感的取舍原则主要包括以下几点。

1.形象感

有些灵感是具体事物的反映，有些则是抽象思维的结果，无论是具象还是抽象的灵感，在被设计所利用时，都要注意形象感的问题。首先要求灵感的形象感清晰可辨，这对于具象灵感来说自然要容易一些，而对抽象灵感来说则要求其可感知性强才能被利用，否则，过于抽象的纯理念灵感是无法用于设计形象的。例如，"缠绵"是一个抽象词汇，却有明显的可感知性，似乎许多缠绕结节的形态都可以表达"缠绵"的意思；"思想"也是一个抽象词汇，却很难用某个形态确切地表达出思想的造型。其次要注意灵感形象的美与丑，这也反映出设计者对美与丑的甄别能力和艺术趣味。生活中的美不等于艺术中的美，艺术中的美不等于服装中的美，如何将美的东西自然贴切地运用到服装中去，是设计者要解决的难题。雄伟的山峰很壮美，但是按比例缩小后搬到服装上去却未必美，充其量不过是一块大石头而已。丑的原型经过艺术加工，也能变成具有服装特点的美。例如，生活中的一团废铁丝，可以用纺织材料表现，运用到唤醒人们保护环境意识的创意服装中去，自然就有了美的意义。

2.色彩感

色彩也是激发灵感的主要因素之一。色彩并无新的种类可言，而是早已客观存在的物理现象，色谱中的色彩几乎都已在纺织品中出现过，但是色彩之间的组合却千变万化，从理论上来说，色彩组合是无限多样的。色彩感还包括图案内容，图案缺少了色彩因素会黯淡无光，同样一组图案可以有成千上万种配色。色彩灵感的价值在于配色之新颖和配色之格调。单一色彩的使用往往乏善可陈。配色却由于色相、比例、位置、节奏等因素的不同而有层出不穷的新意。做到配色新颖并不难，难得的是调配出想要的格调。格调因服装类别和设计指令的不同而各有千秋。有效的方式应该是限定格调后配色，再将配色结果与预想的格调相比较，看看是否能达到预期的目的。

3.题材感

在创意服装设计中非常强调主题，主题则由题材来表现。实用服装设计虽然不强调主题（其所谓主题往往是为了称呼方便而设定的），但却并不排斥题材的选择。新颖的题材可以让人耳目一新，有清风扑面之感。例如，为了表现和平的主题，鸽子和橄榄枝等题材似乎屡见不鲜，能否用祈祷以及和平的钟声来表现呢？又如，一提起中国传统服装，人们很容易想到旗袍，于是拼命在旗袍上大做文章，其实，唐代的襦裙、宋代的背子、明代的翟衣又何尝不是中国味十足的传统服装呢？在实用服装中，经常利用花卉题材进行装饰，但是，用什么花卉、怎样使用、要达到怎样的效果却大有讲究。

4.趣味感

有些灵感来自于结构和工艺方面。在冥思苦想中会找到解决结构问题的窍门，在缝制实践中会得到工艺方面的灵感。选择结构与工艺方面的灵感要注意合乎服装特征的趣味性，这也是抽象设计灵感在服装上的具体表现。或巧妙或笨拙、或柔顺或生硬、或轻薄或厚重、或挺括或褶皱，各有趣味。非要在服装上表现具象造型是对设计灵感的片面理解，抽象造型处理得好，不仅使服装情趣盎然，而且比具象造型更含蓄、更有韵味。

第三节 • 针织服装的启示设计

对于服装设计师而言，设计思维的启示是多方面的。灵感来源于生活的各个方面以及对于文化、艺术的探索与发现。在进行针织服装设计时，我们可以从以下五个方面寻找设计线索。

一、民族服饰的营养及其内涵的体验

世界各国有不同的民族。由于民族文化、审美心理的差异，造就了不同的服饰文化。傣族袅娜的超短衫、筒裙，景颇族热情的红织花裙等，都非常谐调、优美，这些都为针织服装的设计提供了灵感。

我国服饰艺术有着悠久的历史和优秀的传统，素有"衣冠王国"之称。从古代服饰到现代服饰，从宫廷服饰到民间服饰，特别是56个民族丰富多彩的民族服饰，可以给现代针织服装设计极好的启示。例如，满族旗袍，经过改良后，修长挺拔、轻盈婀娜，能忠实地烘托出人体的曲线美，已成为中外时装舞台竞相套用的流行样式。傣族花腰傣的左初无袖齐腰短衫别具特色，白族、水族、景颇族的筒裙造型和配色是当今女裙设计常用的灵感来源，尤其是筒裙的横条图案宽窄搭配已成为西方鱼尾裙、花瓶裙、一步裙竞相效仿的图案。彝族妇女的三节彩色长裙、苗族的片裙、布依族的短裙及其蜡染技术和装饰工艺，已被国际服装界所推崇。这一切，无疑对我们今天的服装造型及色彩搭配会有极大的启迪，若吸收中华民族和世界各民族传统服装的精髓，并融入时代精神、流行元素以及各地区人们的习俗爱好，必能在国际服装大潮中创造出独树一帜的现代服装新流派。

二、来自他人的经验

21世纪是信息的时代，每天都可以接收到来自各方面的信息，电视上的、报刊上的、时装发布会上的信息，都可以成为设计线索。甚至同学、同事的打扮，大街上路人的穿着，互联网上的资料都会是好的设计素材。

三、大自然的恩赐

大自然无处不蕴藏着美，一块石头、一朵花、一片云都会给针织服装设计带来灵感。天上的日月、星辰、云雾、雨雪、闪电，地上的山水、花木、人物、鸟兽、鱼虫，从宏观宇宙到微观原子，万物之体各有其形，万类之形各有其象。譬如，雪花的基本构造几乎都是六角形，但仔细观察却没有哪两个是同样的；波涛拍岸有节奏地往返运动，但每次都以不同的形式和力量冲击着海岸……古今中外，许多艺术家、设计师长期致力于对自然现象的观察和研究，探索着从自然界中汲取信息和美的规律，为自己的创作灵感寻找有益的启示。

服装从一开始就是经过人类选择的大自然的一部分，服装的款型、色彩、材料无不出于大自然。服装款型，一般都是人们感知大自然中各种优美的形象在服装上的反映。如香蕉领、花蕾袖等是受自然界中植物形态的启示而设计的；蝴蝶领、蝙蝠袖等是受自然中动物形象的启示而设计的。这些仿生服装造型，以其生动的形象来寄托某种意念、理想、希望、情趣，为服装造型的多样化丰富了思路。

仿生设计即以此为原理进行设计，西方18世纪的燕尾服，我国清代的马蹄袖以及现代的鸭舌帽、蝙蝠衫等，皆是仿生设计的经典实例。

四、关联艺术的感应

艺术之间是相通的，绘画、雕塑、音乐、建筑等也是针织服装设计灵感的来源。绘画中的线条与色块以及各种不同的绘画风格，均给予设计师无穷的灵感。音乐中的节拍形成节奏，音乐中的不同乐音组成旋律，建筑的造型、结构以及对形式美法则的运用，都为针织服装的构思带来了新的启示。

（一）美术的启示

美术对针织服装设计的启示作用是显而易见的。纵观我国的仕女画，总是绿纱叠影难见全貌，临窗拂镜不露全身，水袖团扇巧掩笑，湘箔拖裙隐绣鞋，朱唇未起秋波动，万种风情不言中。中国的山水画或花鸟画，都不是如实再现全景，而是云遮山、山掩水、树隐层楼檐角现、牛浴池塘身露半。这种含蓄深远、朦胧的中华民族神韵，表现在针织服装设计上更是妙趣横生，气象万千。例如，唐代画家周昉的《簪花仕女图》取材于宫廷妇女生活，描绘装饰华丽奢艳的仕女们在庭院中散步的情景。将国画的意蕴作为图案进行转化，运用到针织服装上，会成为有传统艺术气息的服装风格。而现代的旗袍造型，立领、收腰，随着人体的起伏变化，形成含蓄流畅的自然线条，高开衩的衣摆，行进中时隐时现，给人以轻快活泼的动感美。替换服装面料，将旗袍的特征运用到针织服装，同样有韵味。

法国洛可可初期最有名气的女服——华托服，就是宫廷画家华托（Jean Antoin Watteau，1684—1721）的作品中表现的服装样式。这种服装用图案华美的织锦缎制作，从后颈窝处向下做出一排整齐规律的褶裥，向长垂地的裙摆处散开，使背后的裙裾蓬松，走路时徐徐飘动，蟋窣作响，明暗闪烁，又被称为"飞动的长袍"。法国设计师伊夫·圣·洛朗从荷兰抽象派画家蒙德里安（Piet Mondrian，1872—1944）的冷抽象画中得到启示，创作出别具风格的服装，那就是他于1965年推出的"蒙德里安样式"，针织短连衣裙上的黑色线和原色块的组合，以单纯、强烈的效果赢得好评，是针织服装与现代绘画巧妙结合的典范。

（二）音乐的启示

音乐，是通过有组织的乐音所形成的艺术形象来表达人们的思想感情，反映现实生活的一种时间艺术。服装设计，既是空间艺术也是时间艺术，音乐和服装之间的关系是息息相通的。英国文艺理论家沃尔特·佩特（Walter Pater，1839—1894）在他的名著《文艺复兴论》中说："一切艺术，都倾向于音乐状态。"造型要素的反复构成节奏，节奏的反复构成韵律。例如，服装线条形状的方圆、长短、曲直、正斜；色彩的浓淡、清浊、冷暖；面积的大小；质地的刚柔、粗细、强弱；感觉的动静、抑扬、进退、沉浮等，组成一个多姿多彩的韵律世界。在运用音乐启示进行服装造型时，工作的重点是寻找可视形象来对应、诠释、升华相对抽象的音乐过程，融入对作品的理解，并通过它与穿着者及其观众取得交流。

（三）舞蹈的启示

舞蹈是以经过提炼、组织和艺术加工的有节奏的人体动作为主要表现手法，表达人们的思想感情，反映社会生活的一种艺术。世界上许多民族都有独具自己民族特色的舞蹈服装。例如，汉族的秧歌舞、龙舞、高跷舞、狮子舞等，蒙古族的顶盅舞，维吾尔族的手鼓舞，苗族的芦笙舞，朝鲜族的长鼓舞，傣族的孔雀舞，土家族的摆手舞等，国外少数民族的舞蹈更是不胜枚举，各国各族各种舞蹈服装异彩纷呈，各有特色。舞蹈服装，是生活服装的升华，同时又是生活服装的先导。服装设计师应当悉心从中汲取有益的借鉴和启示，丰富现代的服装造型设计。法国时装设计师波尔·波阿莱（Paul Poiret，1878—1944）在这方面取得了举世瞩目的成就，20世纪初，俄罗斯芭蕾舞剧团首次到巴黎演出，演员们健美的舞姿和东方风格的绮丽服饰，轰动了全城，巴黎观众从未见过的"大胆、艳丽的色彩；半透明的雪纺绸和薄纱女服，可以隐约瞥见美丽的形体；服装上大面积地饰以刺绣（包括彩色丝绒、金线、银线、小玻璃珠、小金属片等）、穗带、首饰等。"他从中得到启示并吸收阿拉伯、中国等东方国家服装、丝绸、瓷器等艺术长处，先后推出了东方风格的"蹒跚女裙""孔子衣"、土耳其式灯笼裤等，深受世人欢迎。

（四）文学的启示

古今中外的文学作品，浩如烟海，有关服装的描写不胜枚举。例如屈原在他的《离骚》中描写自己："制芙荷以为衣兮，集芙蓉以为裳"。诗人以碧绿的荷叶作上衣，用洁白的荷花作下裳，造型天然而浪漫，色彩典雅而高洁。建安文学的著名作家之一曹植（192—231）在他的《洛神赋》中写道："奇服旷世，骨像应图，披罗衣之璀璨兮，珥瑶碧之华裾，戴金翠之首饰，缀明珠以耀躯，践远游之文履，曳雾俏之轻裾。"这里显示出一个绮丽的绝不俗艳的女性服饰形象。

外国文学作品也有许多服饰的描写。例如，1973年夏天，凯·拉罗修（Guy Laroche，1923—1989）设计的GG服式，是美国作家斯可特·非次杰拉德（F，Scott FitzgeralD，1896—1940）所写的一部长篇小说中的女主人公的服饰：低腰身、横排纹和大的圆敞领，很有特色。

文学言词的启示，必须通过联想和想象。由于文字表达的服装造型意境和情调能唤起服装的美感，同样也可以给造型构思带来启示。

（五）影视的启示

电影、电视都是综合艺术，有广泛的传播性。影视中优秀的服装设计，不仅可以深化影视主题，有时还可以成为流行时装。特别是进入20世纪后，时装极大地受到影视的影响。影视中男女主角的服装引起各国服装设计师的兴趣，成为影响时装变化的重要因素和服装设计构思的重要灵感来源。20世纪30年代，美国好莱坞著名电影服装设计师艾德里安（Adrian），常年为女影星琼·克劳福德（Joan Czawfozd）设计服装，他用垫宽肩部的办法，使琼过于丰满的臀部得到了平衡，因而显得身材匀称、苗条。垫肩的妙用，立即被许多妇女仿效一直流行至今。又如，1983年我国功夫片《少林寺》电影上映后，功夫衫和印有"少林寺"字样的汗衫因国内外游客的喜爱而流行一时。而针织T恤的流行，则要归功于马龙白兰度和他的《欲望号街车》。

（六）建筑学的启示

从建筑的造型、结构以及对形式美法则的运用中触类旁通进行服装设计，也不乏先例。早在古希腊时期，他们的裹缠式服装"基同"就明显受古希腊各种柱式建筑的影响；在13世纪，欧洲的妇女服装就吸收了哥特式建筑的立体造型，从而产生了立体服装；还有著名的高耸尖顶的"安妮"帽也与哥特式建筑有异曲同工之妙；当代法国时装大师皮尔·卡丹的飞肩造型即是受中国古典建筑翘角飞檐的启示。泱泱大观的古今世界建筑艺术，无论是传统的还是现代的，灰色派的还是白色派的，或是近20年崛起的新流派——光亮派等都可以为针织服装的构思带来新的启示。

关联艺术的感应还有许多，有待于不断在设计实践中去探索、发现。

五、文化发展、科技革命对服饰观念的冲击

在社会文化大背景下所产生的新事物往往能左右服装流行的风潮，"生命在于运动"观念为大众接受，使运动服风行于世；在回归大自然、追求环保的主流风潮影响下，休闲服装成为服装界的新宠。

服装的发展，离不开科学技术的进步。层出不穷的新材料、新技术、新工艺以及地域间频繁的信息交流，促进了服装的新形式、新风格的形成与变化。20世纪90年代以来，高科技面料在服装界无处不在，色彩艳丽，有塑料、橡胶质感或金属反光，尤其是银色反光的面料极为时尚。意大利时装设计师詹尼·韦尔萨切（Gianni Versace，1946—1997，又译作范思哲）解释说，那种极富"科技性感"的乙烯状面料，实际上是富有光泽的丝绸。运用科学技术知识来启示服装设计构思，往往会突破常见格局而独树一帜。例如，法国成衣设计师辜海热（A COurreges；1923—）热衷于迷你裙的设计，1964年他用当代科技新材料——白色乙烯合成树脂设计的登月太空系列服装，曾被报界称作"迷你炸弹"。另一位法国时装设计师帕克·拉邦纳（Paco Rabanne，1934—）利用塑料、金银箔等材料，设计出具有非洲艺术风格的礼服，体现了非洲艺术与现代艺术以及现代科技的交融。

　　服装设计集科学创造与艺术创作于一体，二者在相互依存和相互影响中取得充分的统一。针织服装设计，可以从对科学知识的想象中得到启示。例如，运用力学机械运动规律形成的线形轨迹，光学原理产生的光效应、色感、视错觉、幻觉，解剖学纵横斜剖析及肢解，生态学的移花接木嫁接与杂交组合，仿生学的拟人、拟物等构成新形象。

　　21世纪，是高科技、信息化和知识经济的时代。随着科技的进步，科学技术越来越多地与服装工业相结合。例如，服装CAD（计算机辅助服装设计）的普遍运用，可以帮助设计者任意进行服装的造型和款式设计，制板、推板的组合与修改，色彩的选配与面料图案的设计，并能将设计的结果记忆、存储及印刷出来，从而实现了各式各样的构思。此外，服装与Internet（计算机网络）的结合，使得广大设计者可以在世界范围内的服饰网站中查阅各种服装作品展示和时装表演信息，从而使设计者及时了解流行讯息，并做出反应。

　　以上介绍了一些设计线索的来源。好的设计构思的共同点，都是通过观察和体验生活，在生活中萌生创作的意念和灵感。由此可见，生活才是服装创作取之不尽的源泉。

　　当然，来源于生活的创作，首先要掌握服装设计的一些基本原理，具有运用造型、结构、色彩和面料的能力，才能做到这一点。这就如同写文章先要掌握词汇一样，必须掌握一定的设计语言，才能表达自己服装设计的思想。

第三章 针织服装设计的基本要素

众所周知，服装设计的基本要素是款式、色彩、面料，针织服装设计也有自己的基本要素。针织服装设计与服装设计有共性，但它也有个性，所以它们的基本要素有统一又有变化。总体来讲，针织服装设计的基本要素有六个：原料、组织、款式、色彩、装饰和工艺。总体而言，与其他服装相比针织服装的特殊性会更强一些。

第一节 • 针织服装的原料

一、常见的针织服装原料和织物特点

（一）针织服装的原料

1.纯毛

原料为动物纤维，如羊毛、羊绒、驼绒、牦牛绒、羊仔毛（短毛）、驼绒及兔毛等纯毛。

2.纯毛混纺

原料由两种或两种以上纯毛混纺和交织织物。如驼毛/羊毛，兔毛/羊毛，牦牛毛/羊毛等。

3.混纺交织

原料为各类毛与化学纤维的混纺和交织，如羊毛/化纤（毛/腈、毛/锦、毛/黏）、马海毛/化纤、羊绒/化纤、羊仔毛/化纤、兔毛/化纤和驼毛/化纤等。

4.纯化纤

原料为纯化学纤维，如腈纶衫、涤纶衫和弹力锦纶衫等。

5.化纤混纺

原料为各种化学纤维间的混纺和交织，如腈纶/涤纶和腈纶/锦纶等。

（二）针织服装织物的特点

精纺类针织服装织物的综合特点是平整、挺括、针路清晰、光洁，手感、弹性好，抗伸强度高。粗纺类针织服装织物，相对于精纺类织物而言，纱线的线密度较高（即纱线较粗），抗伸强度低，但毛绒感强，手感柔软，延伸性和悬垂性较好，并且具有较好的保暖性和透气性。

不同材质的粗纺针织服装产品也各有特色。羊绒衫、驼绒衫和牦牛绒衫等高档毛衫，是针织服装产品中的佼佼者，其表面绒茸短密适度，手感柔软、滑糯，有天然色泽。兔毛衫的特色在于纤维细，光泽柔和，织物表面毛茸耸起，且有枪毛，外观独具风格，质轻、蓬松、感触滑爽，保暖性胜过羊毛产品。如果采用先成衫后染整的工艺，可以使其色泽更纯正、艳丽，别具一格。马海毛衫织物表面绒毛长，光泽鲜亮，手感柔中有骨，并且不易起球。

化纤类针织服装织物的共同特点是较轻，回潮率较低，纤维断裂强度比毛纤维高，不会虫蛀，但其弹性恢复率低于羊毛，保形性不及纯毛织物，也比较容易起球、起毛和产生静电。腈纶衫色泽鲜艳，蓬松性好，保暖性也接近纯羊毛衫；近几年来，国际市场上以腈纶/锦纶混纺的仿兔毛纱、变性腈纶仿马海毛纱编织的针织服装可以与天然兔毛、马海毛产品媲美。弹力锦纶衫、弹力涤纶衫、弹力丙纶衫具有坚牢耐穿、弹性优良的特性。

动物毛与化纤混纺的毛衫织物，具有各种动物毛和化学纤维的"互补"特性，其外观有毛感，抗伸强度得到改善，降低了毛衫成本，物美价廉。但在混纺毛衫中，因不同纤维的上染、吸色能力不同，故染色效果不理想。

羊毛衫织物同其他针织物相比，最主要的特点是延伸性强、弹性好，具有良好的柔韧性、保暖性和透气性。这些主要特点决定了羊毛衫穿着舒适、服用性能优良。此外，羊毛衫还具有色泽鲜明、花色繁多、款式新颖、经久耐穿等特点，使其深受广大消费者的青睐，并且使得羊毛衫在针织服装中占有重要地位。

二、针织服装用纱种类

针织服装生产使用的纱线种类很多。首先是传统手工编结绒线。编结绒线又称为手编绒线或毛线，除了用于手编用途之外，也可用于粗机号横机编织毛衫（衣、裤）。

根据纱线原料的不同，可有传统的动物毛、化学纤维和棉的纯纺纱线以及混纺纱线，还可有毛/麻混纺纱线、毛/绢丝混纺纱线等。随着纺织科学和技术的进步，诸如Tencel纤维、Model纤维、大豆蛋白纤维、珍珠蛋白纤维、竹纤维、甲壳素纤维、牛奶纤维、彩色棉、超细纤维、差别化纤维、功能纤维和智能纤维等高技术、绿色环保、穿着舒适的新型纱线也被列入针织毛衫的用纱范围，它们通常与各种动物毛纤维纺成混纺纱使用，以满足不同的生产和服用要求。

根据纱线形态的不同，可分为普通纱线、膨体纱线和花式纱线。普通纱线和膨体纱线是羊毛衫生产中最常用的纱线，而花式纱线近来也越来越多地在羊毛衫的生产中使用，如图3-1-1所示。

根据纺纱过程的不同，可分为精纺纱和粗纺纱两类。精纺纱是将原料按精纺工艺流程加工而成的各种纯毛、混纺或化纤纱，如31.3tex×2（32公支/2）羊毛纱、41.7tex×2（24公支/2）毛/腈纱（毛、腈各占50%）、38.5tex×2（26公支/2）腈纶纱（膨体纱）、

图3-1-1　丰富多彩的纱线

25tex×2（40公支/2）腈纶纱（正规纱）等。精纺纱一般是合股纱，纱线可纺线密度较低、织物弹性好、纹路清晰，具有较好的弹力、条干均匀度和良好的热可塑性。产品经定形后挺括、不易变形，手感柔软。粗纺纱是将原料按粗纺工艺流程加工而成的各种纯毛、混纺或化纤纱，例如35.7tex×2（28公文/2）羊绒纱、71.4tex×1（14公支/1）驼绒纱、83.3tex×1（12公支/1）兔毛纱、41.7tex×2（24公支/2）牦牛毛纱、83.3tex×1（12公支/1）毛/腈纱（羊毛、腈纶各占50%）等。粗纺纱大部分是用较短的纤维纺成的，有单纱和合股纱两种。纺成的纱线线密度较高，强力和条干均匀度比精纺毛纱差，但具有较好的缩绒性能。

（一）动物毛纱

动物毛中常用的是羊毛、羊绒、羊仔毛、雪特莱毛、马海毛、兔毛、驼绒、牦牛绒等。

1.羊毛纱

羊毛纱通常指的是绵羊毛纱。绵羊毛纤维的直径为18～25μm，长度为30～80mm，相对密度为1.32。外观细而长，实心而且截面接近圆柱形，卷曲度高，鳞片较多。绵羊毛纤维的强度高，且具有良好的弹性、热可塑性、缩绒性等。羊毛纱是羊毛衫生产中使用最多的纯毛纱，多为精纺纱，可编织各种款式的羊毛衫。织成的毛衫平整、挺括、针路清晰、布面光洁、弹性好，具有较好的服用性能，在国内外市场都很受消费者欢迎。

2.羊绒纱

羊绒纱是由山羊身上梳抓而得到的覆盖于长毛之下的绒毛经分梳纺制而成的纱线。山羊绒纤维的平均直径为14～17μm，长度为30～40mm，相对密度为1.29。纤维细度在毛绒类纤维中偏低，纤维表面鳞片较多，一般纺成粗纺毛纱，长度在36mm以上的羊绒纤维可纺成精纺纱。产品经缩绒后，手感柔软而滑爽，保暖性好、光泽好、穿着舒适，但弹性不如羊毛，成衫后不宜长时间悬挂。由于羊绒纱对酸、碱和热的反应比较敏感，因此，在缩绒工序的操作中必须区别于其他毛纱。山羊绒是极其珍贵的毛针织原料，素有"软黄金"和"纤维宝石"之称。具有白、青、紫等天然色泽，其中以白羊绒最为名黄。世界上年产羊绒纤维14000t左右，其中我国年产羊绒纤维10000t左右，因此，羊绒纤维是我国的特色纤维之一。羊绒衫也是我国的特色纺织产品之一，是我国出口创汇的高档产品，在国际市场上享有盛誉。

3.羊仔毛纱

羊仔毛纱是由小羊羔的毛纺成的纱线。羊仔毛纤维的直径为18～20μm，长度为30～40mm。由精梳毛纱梳理下来的短毛和散毛与精梳毛条按一定比例混纺而成，国内惯

称"短毛"。羊仔毛纱常掺以羊绒和锦纶混纺，以改善其手感和强力。羊仔毛的缩绒性好，缩绒后毛型感强，手感柔软，其成本较低，是羊毛衫生产中常用的粗纺原料之一。

4. 雪特莱毛纱

雪特莱毛又称雪兰毛，纤维直径为25～30μm，原产于英国雪特莱（Shet land）岛，其中混有粗的、缩绒性差的枪毛，因而手摸有轻微的扎刺感。由雪特莱毛纱织成的毛衫具有丰厚、膨松、自然粗犷的风格，因而具有这种风格的毛衫一般都称为雪特莱毛衫。雪特莱毛衫在穿着中起球少，价格较低，一般用作外衣。

5. 马海毛纱

马海毛又称安哥拉羊毛，原产于土耳其的安哥拉省，现在的北美及南非也出产马海毛。我国西北地区所产的中卫山羊毛同属马海毛。马海毛是一种半细而长的山羊毛，纤维长度约100～300mm，为普通绵羊毛纤维长度的1～2倍，纤维直径为10～90μm，带有特殊的波浪弯曲，纤维表面鳞片较少，故十分光滑且具有明亮的光泽，染色时能染成各种鲜艳的颜色。马海毛纱织成的毛衫弹性较好，但可塑性稍差，成衫后一般均需经过缩绒整理，以充分显示其纤维较长的独特风格，也可采用拉毛工艺来实现该目的。马海毛的手感软中有骨，在羊毛衫产品中也属高档服饰产品。

6. 兔毛纱

兔毛纱是由兔身上剪下的毛纤维纺制而成的。兔毛纤维的直径为5～30μm，长度为30～150mm，相对密度为1.18。兔毛纤维的密度较小，纤维细度较小，表面鳞片排列也十分紧密，故表面光滑而无卷曲度，因而抱合力差，不宜纯纺。一般采用与羊毛、锦纶等纤维混纺来增加抱合力，进而增加纱线的强力。兔毛纤维颜色洁白，富有光泽，质地柔软、滑糯，保暖性较好，吸湿性好，是羊毛衫工业的珍贵原料之一。用兔毛纱主要生产兔毛衫，成衫经缩绒整理后，具有质轻、茸浓、丰满、滑糯等特点。兔毛衫通常采用成衫染色，是出口的高档服饰产品，深受国内外市场的欢迎。

7. 驼绒纱

驼绒纤维是在双峰骆驼脱毛期间抓下的绒毛。纤维平均直径为14～23μm，长度为40～135mm，相对密度为1.31。驼绒纤维外观细长，手感柔软，呈淡棕色，是羊毛衫工业的珍贵原料之一。驼绒纤维表面较平滑，一般不宜纯纺，多与羊毛混纺，以提高纱线的工艺性质。驼绒衫一般需经缩绒整理，但其缩绒性能较差，不易起毛及毡缩。驼绒纱可以进行染色，但色谱不广，目前只限于深色谱。驼绒纱生产的驼绒衫属于高档服饰产品。

8. 牦牛绒纱

牦牛绒纱是用牦牛身上的绒毛经梳理加工纺制而成。牦牛绒纤维的平均直径为20～22μm，长度为30mm左右。牦牛绒纤维细而短，性能与羊毛相似，世界年产量仅为3000多吨，其中我国的产量占90%左右，由于其产量较少，故十分名贵。牦牛绒纤维是我国的特色纤维之一，由牦牛绒纱生产的牦牛绒衫受到国际市场的普遍欢迎。

（二）化纤纱

化纤纱常用的原料有腈纶、锦纶、涤纶等。

1.腈纶纱

腈纶是聚丙烯腈纤维的商品名称，国外又称"奥纶""开司米纶""特拉纶"等。羊毛衫用腈纶纱分为腈纶膨体纱（又称腈纶开司米）与腈纶正规纱两种。腈纶纱一般为精纺纱，染色性能好、色泽鲜艳、蓬松且保暖性好，相对密度为1.14，比羊毛轻11%，断裂强度是羊毛的1～2.5倍。另外，腈纶耐光性能好，能抗霉防蛀，但吸湿性差，耐碱性差，耐磨、耐热性也差，故不能高温定型。腈纶衫在穿着过程中易起毛、起球，易产生静电而吸附灰尘，服用性能不如精纺类羊毛纱的同类产品。

2.锦纶纱

锦纶是聚酰胺纤维的商品名称，国外又称"尼龙""耐纶"等。锦纶分为长丝和短纤维两种，其耐磨性好、强力高。在羊毛衫生产中多用锦纶短纤维与动物毛混纺，以提高毛纱的强度与耐磨性。锦纶长丝以锦纶弹力丝应用较多，多用于生产弹力锦纶衫、裤。锦纶产品的主要优点是弹性好、穿着耐久、不怕虫蛀、耐腐蚀，缺点是耐光性差、保形性不好、穿着过程中易起毛起球。

3.涤纶纱

涤纶是聚酯纤维的商品名称，国外又称"特丽纶""达柯纶"等。涤纶最突出的优点是具有良好的抗皱性和保形性，耐热性好，具有易洗、易干、免烫的"洗可穿"性能。其缺点为吸湿性和染色性差，织物易起毛起球等。目前，在横机编织的羊毛衫中，常用涤纶长丝编织门襟、袖窿等局部部位；在圆机编织羊毛衫中，涤纶长丝也有一定程度的运用。

三、针织服装用纱的要求

在针织服装生产过程中，毛纱的结构、性质和质量将会直接影响生产过程和产品的内在和外观质量。为了保证针织毛衫的正常生产和产品质量，通常在以下几方面对毛纱提出要求。

（一）线密度偏差和条干均匀度

线密度偏差也称重量偏差或纤度偏差。纱线的线密度偏差与纱线的条干均匀度是纱线的重要品质指标，是评定纱线质量的指标之一，应控制在一定范围内。否则，纱线过粗或过细都将影响纱线的强力，织造时会增加断头率和停台时间，而条干不匀将会影响织物的外观质量；同时，一批纱的线密度偏差也将使针织毛衫织物产生重量偏差。因此，必须严格控制毛纱的线密度偏差，以提高针织毛衫产品的内在与外观质量。目前，一般规定精纺毛纱的线密度偏差率＜±4%，粗纺毛纱的线密度偏差率＜±5%。在实际生产过程中，对高、中、低档针织毛衫产品有更具体和详细的线密度偏差和条干均匀度要求。例如，羊绒纱、兔毛纱、驼毛纱的线密度偏差率要求＜±3%，条干均匀度的要求是在织片试验后比照标准试样，不允许有明显的粗细不匀和云斑。

（二）捻度和捻度不匀率

针织服装生产中所用的精纺、粗纺毛纱的捻度是影响针织服装生产的一个重要因素。

加捻是单纤维成纱的必要条件，捻度是表示单位长度内纱线所具有的捻回数。一般情况下，纱线的捻度越大，则纱线强力越高。但当捻度在较大的基础上继续增大时，不但不能提高纱线强力，反而会使纱线的强力降低。因此，在针织毛衫生产中，不能简单地用提高纱线捻度的方法来增加纱线强力。一般地说，纱线捻度过小，则毛纱强力不足，会增加络纱和织造过程中的断头率，影响生产的顺利进行，同时也影响织物的强力；但捻度过大，则纱线发硬且转曲，也将妨碍正常的编织，即使织成衣片，在衣片表面也会产生各种疵点。因此，纱线的捻度必须适当并且均匀。针织毛衫生产用纱常要求纱线柔软、光滑，而粗纺纱织成的针织毛衫一般需经缩绒整理，故纱线捻度可适当低些。捻度不匀率一般为精纺毛纱＜8%～10%、粗纺毛纱＜10%。

毛纱的捻向有正捻（S捻）和反捻（Z捻）之分。若毛纱捻纹是右下到左上，则为正捻纱；反之，则为反捻纱。

（三）断裂强力和断裂伸长

毛纱的强力直接影响到生产过程能否顺利进行和成品的穿着牢度。如果纱线强力不足、断裂伸长率低，则在编织过程中容易引起纱线断裂，使织物产生破洞，进而影响到产品质量。因此，首先必须对毛纱强力提出要求。

一般要求毛纱的断裂为精纺纯毛纱＞5200m、精纺混纺纱及化纤纱＞9500m。当毛纱的断裂强度相同或在允许值以内时，则断裂伸长大的毛纱不易断头。

（四）回潮率

回潮率的大小会影响毛纱的性能（如毛纱的柔软度、导电性、摩擦性能等）及产品成本的高低。回潮率过低，会使纱线变硬、变脆，腈纶等合纤纱还会因回潮率的降低而引起导电性能的降低，从而产生明显的静电现象，降低纱线的可加工性，使编织难于进行；回潮率过大，则毛纱强力降低，且毛纱与成圈机件之间的摩擦力将增加，使编织机的负荷增加，编织困难。另外，回潮率的变化也会影响毛衫重量的变化，继而影响毛衫的成本。所以回潮率的控制与毛纱加工和毛衫生产成本等密切相关。一般采用标准状态：温度为（20±3）℃，相对湿度为（65%±5%）下的回潮率（即公定回潮率）来对毛纱回潮率进行统一的规定。

（五）染色的均匀性和色牢度

毛纱染色的均匀与否对针织毛衫的质量具有十分重要的意义。如果染色不均匀，成衣后会产生色花、色档等现象而直接影响产品的外观质量。因此，对针织毛衫用纱的色差，一般规定不低于三级标准。为了使针织毛衫在服用过程中经日晒和水洗后不易脱色，对毛纱的染色牢度也有一定要求。

（六）柔软性和光洁度

毛纱的柔软性和光洁度对针织毛衫的编织过程有很大的影响。柔软光洁的毛纱易于弯曲和形成封闭的线圈，且编织阻力较小；相反，柔软性和光洁度较差的毛纱编织时阻力较大，而且容易使成圈不均匀，影响针织毛衫成品的外观质量。因此，对毛纱的柔软性和光洁度也有一定的要求。在络纱时，对毛纱进行上蜡处理是使毛纱光滑的有效措施之一。

四、原料的检验

为了满足针织毛衫用纱的要求，及时发现和弥补毛纱存在的质量问题，提高原料的利用率，提高生产效率，保证针织毛衫产品的质量，必须对进厂的毛纱进行检验。

毛纱的检验内容包括线密度偏差、条干均匀度、捻度、捻度不匀率、断裂伸长、断裂强力及其不匀率、回潮率、色差、色花、色牢度、柔软性、光洁度、织成织物的洗涤变形、织成织物的起毛起球等。检验毛纱所需的主要仪器有天平、恒温烘箱、显微镜、缕纱测长机、绞纱强力机、解捻式捻度仪、箱式滚动起球仪等。

毛纱在出厂前由纺纱厂进行检验，毛衫厂仅对直接涉及毛纱的编织性能、产品质量和生产成本的大绞纱重量、线密度偏差、条干均匀度、色差、色花等进行检验。对于有的项目，如捻度、单纱强力、染色牢度等有异议时，可要求纺纱厂提供有关数据，商请复验或送检验局检验。

凡未经检验或经检验后不符合编织用纱标准的纱线，仓库不得发交生产。在检验中如发现毛纱级别偏差、色差、缸差、线密度偏差等问题，检验人员必须及时向技术部门和生产车间反映，以便及时修改工艺或采取其他措施来保证针织毛衫的成品质量。

五、色号

毛衫厂目前使用的毛纱大多数为有色纱，即使是白纱成衫染色，也往往得有一个规定的色彩代号来表示其为何种颜色；况且在同一色谱中，也有很多不同的颜色，如红色谱里就有大红、血红、暗红、紫红、枣红、玫瑰红、桃红、浅红、粉红、浅粉红等，有的多达十几种。由于纤维的特性不同，就是同一种颜色也有差异，为此需要有一个统一的代号和称呼来加以区别。目前是采用统一的对色版（简称色版或色卡）来统一对照比色。此统一的对色版是由中国纺织品进出口公司上海外贸总公司服装分公司和上海市毛麻纺织工业公司制订的，全称为"中国毛针织品色卡"，此色卡被作为全国各毛衫厂和毛纺厂统一使用的对色版来对照比色，其对色色号是由1位拉丁字母和3位阿拉伯数字组成，如图3-1-2所示。

色号的第1位为拉丁字母，表示毛纱所用的原料，各字母代号为：

N——羊毛品种"代旧色版W和H"；

WB——腈纶50/羊毛50，腈纶60/羊毛40，腈纶70/羊毛30；

KW——腈纶90/羊毛10；

K——腈纶（包括腈纶珠绒腈纶90/锦纶10，腈纶70/锦纶30）；

L——羊仔毛（短毛）；

R——羊绒；

M——牦牛绒；

C——驼绒；

A——兔毛；

AL——50%长兔毛成衫染色。

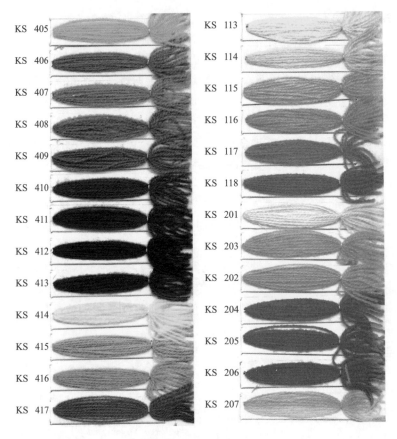

图3-1-2　毛针织品色卡

色号的第2位用阿拉伯数字表示毛纱的色谱类别。

0——白色谱（漂白和白色）；

1——黄色和橙色谱；

2——红色和青莲色谱；

3——蓝色和藏青色谱；

4——绿色谱；

5——棕色和驼色谱；

6——灰色和黑色谱；

7～9——夹花色类。

色号的第3、第4位表示色谱中具体颜色的深浅编号，也用阿拉伯数字表示。原则上数字越小，表示所染颜色越浅；数字越大，表示所染颜色越深。一般从01到12为最浅色到中等深色，12以上为较深颜色。

例如：

N001在工厂中习惯称为"特白全毛开司米"。

又如：

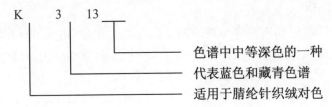

K313在工厂中习惯称"腈纶色版品蓝"

在某些地区或对某些国家出口的产品中，现尚沿用旧色号。其由4位阿拉伯数字组成。第1位数字取代拉丁字母，仍表示毛纱所用原料的代号，取品号中的原料代号来表示，第2位数字也为色谱类别，第3、第4位数字也表示色谱中具体颜色的深浅。

第二节 ● 针织服装的组织结构

组织具有整体性，任何组织都是由许多要素、部分、成员，按照一定的联结形式排列组合而成的。针织服装的组织结构是指线圈按照一定的联结形式排列组合而成的构造。组织结构是针织服装独具魅力的地方，在设计时应该充分利用。

组织结构不仅影响到针织服装的整体效果和风格，而且对毛衫的弹性、保暖性，甚至是生产效率都影响极大。所以在设计针织服装之前，必须要对其组织结构充分了解和熟知。

一、针织服装的常用组织结构

（一）针织物的组织结构

针织物是由线圈串套连接而成的。因此，线圈是针织物构成的基本单元。针织物的组织就是指线圈的排列、串套与组合的规律和方式，它决定着针织物的外观和特性。针织物的组织分为三大类：原组织、变化组织、花色组织。

1.原组织

原组织是针织物的基础，线圈以最简单的方式串套组合而成。如纬编针织物中的纬平针组织、罗纹组织和双反面组织，经编针织物中的编链组织、经平组织和经缎组织。

2.变化组织

变化组织是由两个或两个以上的原组织复合而成，即在一个原组织的相邻线圈纵行间配置另一个或另两个原组织，以改变原来组织的结构与性能。如纬编针织物中的变化纬平组织、双罗纹组织，经编针织物中的变化经平组织、变化经缎组织等。

3.花色组织

花色组织是以上述组织为基础派生得到的，它利用线圈结构的改变，或编入另外的辅助纱线，以形成具有显著花式效应和特殊性能的花色针织物。

（二）纬编针织物

1.纬编针织物组织

纬编针织物是纱线沿纬向顺序弯曲成圈，并在纵向相互串套而形成的针织物。线圈由圈柱、针编弧和沉降弧三部分组成。直线部分为圈柱；弧线部分为针编弧，使线圈进行纵向串套；弧线部分为沉降弧，由它连接相邻的两个线圈。

针织物中，线圈在横向连接的行列，称为线圈横列，线圈在纵向串套的行列，称为线圈纵行。纬编针织物中，线圈圈柱覆盖于圈弧的一面为正面。由于圈柱对光线反射一致，故正面光泽较好。线圈圈弧覆盖于圈柱一面的为反面，圈弧对光线有较大的散射作用，反面光泽不及正面。如纬平针组织，两面光泽差别明显。针织物根据编织针床数的不同有单双面之区别：线圈圈柱或圈弧集中分布于针织物一面的称为单面组织，其外观有正反面之别，正面圈柱覆盖于圈弧，反面圈弧覆盖于圈柱，如纬平针组织、单面集圈组织等。若线圈的圈柱、圈弧分布于针织物两面，称为双面组织，其两面外观没有显著差别。其中两面都是圈柱，覆盖于圈弧的是双正面组织，如罗纹组织；两面都是圈弧，覆盖于圈柱的是双反面组织。

2.纬编针织物的原组织和变化组织

（1）纬平针组织

纬平针组织又称平针组织，属单面纬编针织物的原组织，是最简单的针织物组织，它由连续的单元线圈以一个方向依次串套而成。图3-2-1为纬平针组织的线圈结构图，其两面有不同的外观，正面呈现圈柱，有平坦均匀的纵向条纹，光泽较亮；反面呈现圈弧，有横向起伏弧形线段，光泽较暗。又由于在成圈过程中新线圈是从旧线圈反面穿向正面的。因此，纱线上的结头、杂质等容易被旧线圈阻挡停留在反面，故纬平针织物正面比反面平滑、光洁、明亮。

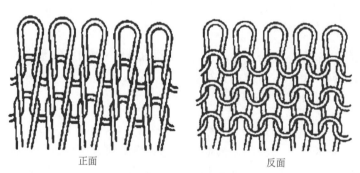

正面　　　　　　　　　　　反面

图3-2-1　纬平针组织

纬平针组织纵向和横向延伸性都较好，特别是横向，广泛用于内衣、休闲装、运动衫、裤子、袜子、手套等。因针织面料有较大的卷边性和脱散性，有时还会产生线圈歪斜，给服装制作和穿着带来不便。

（2）罗纹组织

罗纹组织为双面纬编针织物的原组织，由正面线圈纵行和反面线圈纵行相间配置而成。以一列正面线圈纵行与一列反面线圈纵行配置的称为1＋1罗纹。以此类推有2＋2、3＋3罗纹等。正、反面线圈纵行数目不同，又可构成2＋3罗纹、4＋5罗纹等。在自然状态下，罗纹组织的正面线圈纵行彼此接近，反面线圈纵行呈隐藏状态，因此，两面都呈现明显的正面线圈，如图3-2-2（a）所示。图3-2-2（b）为横向拉伸状态下的效果。

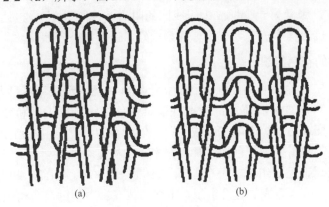

(a)　　　　　　　　　(b)

图3-2-2　罗纹组织

罗纹组织的横向有较大的延伸性，外力去除后，变形回复能力很强，有良好的弹性，穿着舒适，因此，广泛用于弹力背心、弹力衫裤、运动衣裤、羊毛衫裤及服装的下摆、领口、袖口、裤口等部位。罗纹组织卷边性小，但正、反面线圈纵行配置数过大时，织物左右边缘有一定的卷边性。密度越大，弹性越好，有逆编织方向脱散性。

（3）双反面组织

双反面组织也是双面纬编组织中的一种原组织，由正面线圈横列和反面线圈横列交替配置而成。图3-2-3为1＋1双反面组织。自然状态下，线圈圈弧凸出，圈柱凹陷，使组织两面都呈现反面线圈，与纬平针组织的反面类似，故名双反面。双反面组织根据其正、反面线圈横列的不同组合，可以有1＋1双反面、2＋2双反面、3＋3双反面等。

双反面组织比较厚实，弹性也较好，横纵向延伸性大，不易卷边。但若正、反面线圈横列配置数过大，织物上下两端有卷边性，且脱散性较大。双反面组织适用于制作婴儿衣物及手套、毛衫等成形产品。

（4）双罗纹组织

双面纬编变化组织的一种，由两个罗纹复合而成。由于一个罗纹组织的反面线圈纵行被另一个罗纹组织的正面线圈纵行所遮盖。因而，织物两面都呈现正面线圈。图3-2-4为两个1＋1罗纹组织复合而成的双罗纹组织。

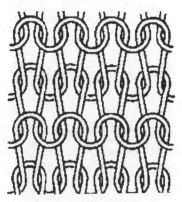

图3-2-3　双反面组织

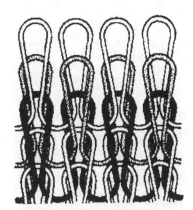

图3-2-4　双罗纹组织

双罗纹组织的针织物俗称棉毛布，具有厚实、柔软、保暖、无卷边的特点，并有一定弹性，多用于棉毛衫裤、运动衫裤等。双罗纹组织的延伸性和弹性都比罗纹组织小。而且当个别线圈断裂时，因受另一个罗纹组织线圈的阻碍，使脱散不易继续。由于其结构较稳定，挺括且悬垂，抗勾丝和抗起毛、起球性都较好，适合做外衣面料。

3.纬编针织物的花色组织

在纬编针织物中，除上述的原组织和变化组织外，还广泛采用各种花色组织，使针织物具有显著的花式外观效果和优越的内在性能。花色组织以原组织和变化组织派生而成。利用线圈结构的改变或另外编入附加纱线，并配以适合的纤维原料和后整理，以满足服装、装饰及工业、医疗等的需要。花色组织种类繁多，结构复杂，主要有以下几类：添纱组织、集圈组织、衬垫组织、毛圈组织、菠萝组织、纱罗组织、波纹组织、提花组织、衬经衬纬组织以及由上述组织组合而成的复合组织。下面介绍几种主要的花色组织。

（1）集圈组织

集圈组织中，某些线圈除与旧线圈串套外，还挂有不封闭的悬弧，如图3-2-5所示。集圈组织分为单面和双面两种，单面集圈是在单面组织基础上织成的，具有色彩、花纹、凹凸、网眼和闪色等变化效应，不易脱散，但易勾丝，横向延伸性比较小，一般用于外衣、T恤、夏装、手套和袜子。双面集圈是在罗纹组织或双罗纹组织的基础上织成的，利用集圈位置交替和数量上的变化，产生网眼和小方格，具有双层立体感，且透气性较好。较厚的集圈组织用于外衣面料，较薄的集圈组织用于衬衫面料。

（2）衬垫组织

衬垫组织是以一根或几根衬垫纱线按一定比例在织物的某些线圈上形成不封闭悬弧，在其余的线圈中呈浮线停留在织物反面，如图3-2-6所示。衬垫组织由于衬垫纱的存在，横向延伸性小。衬垫组织可以在任何组织基础上获得，可用于绒布，经拉毛整理，使衬垫纱线成为短绒状，附在织物表面，也可以用花式绒线做衬垫，增强外观装饰效应。

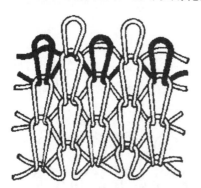

图3-2-5　集圈组织

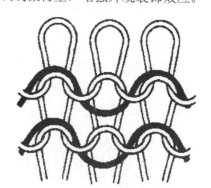

图3-2-6　衬垫组织

（3）毛圈组织

毛圈组织中，线圈由两根或两根以上纱线组成。一根纱线形成地组织线圈，另一根或另几根纱线形成带有毛圈的线圈。毛圈由拉长了的沉降弧或延长线形成，如图3-2-7所示。按毛圈在针织物中的配置，分为素色毛圈与花色毛圈、单面毛圈与双面毛圈等。

（4）长毛绒组织

在针织过程中用纤维同地纱一起喂入编织，纤维以绒毛状附着在针织物表面的组织称长毛绒组织。长毛绒组织一般在纬平针组织上形成，如图3-2-8所示。喂入黏胶、腈纶等化学纤维可织制仿天然毛皮面料，轻便、耐牢、可洗涤，多用于秋冬服装。

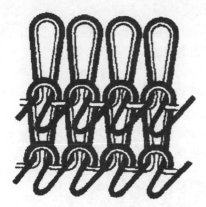 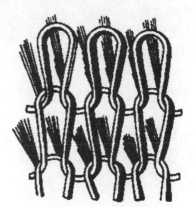

图3-2-7　毛圈组织　　　　　　　　　图3-2-8　长毛绒组织

（5）添纱组织

添纱组织中，全部或部分线圈是由两根或两根以上纱线形成的，地纱线圈在反面，添纱线圈在正面，如图3-2-9所示。采用不同原料或色彩的纱线，可使织物正反面具有不同性能或外观。如用涤纶丝作添纱，棉纱作地纱，针织物既有较好的尺寸稳定性和抗皱性，又有吸湿、透气、舒适的特点。

（6）提花组织

提花组织中，按照花纹要求，纱线垫放在相应的织针上，形成线圈。在不成圈处，纱线以浮线或延展线状留在织物反面，如图3-2-10所示。当采用各种颜色的纱线纺织时，不同颜色的线在针织物表面形成图案、花纹。由于存在浮线，织物横向延伸性减小，厚度增大，脱散性较小，适用于外衣面料和羊毛衫。提花组织也有单、双面之分，单面卷边性与纬平针组织相同，双面则不卷边。

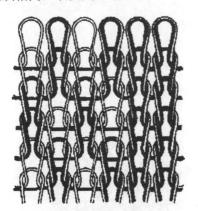 

图3-2-9　添纱组织　　　　　　　　　图3-2-10　提花组织

（三）经编针织物组织

经编是采用一组或几组平行排列的纱线沿经向同时在经编机的织针上成圈串套而成。经编针织物具有横向弹性和延伸性好，纵向尺寸稳定的特点，且质地柔软，抗皱力强，脱散性小，透气舒适。常见的经编组织有以下几种。

（1）编链组织

编链组织是经编针织物的基本组织。由每根经纱始终在同一织针上垫纱成圈构成，不与左右纵行连接。各纵行互不联系，呈条带状，分闭口和开口编链两种形式，如图3-2-11所示。编链组织常用于钩编织物和装饰类织物的地组织。

（2）经平组织

经平组织是经编针织物的基本组织。由每根经纱在相邻两根织针上交替垫纱成圈而成，如图3-2-12所示。一个完全组织为两个横列，线圈可以是闭口或开口，或者相互交替。该组织正反面外观非常相似，横纵向有一定的延伸性。当某个线圈断裂并受到横向外力作用时，从断纱处开始沿纵行逆编织方向脱散，导致织物纵向分裂成两片。

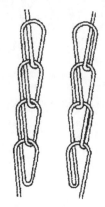
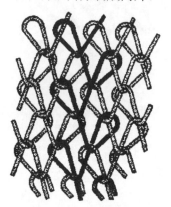

图3-2-11　编链组织　　　　　　　图3-2-12　经平组织

（3）经缎组织

经缎组织是经编针织物的基本组织。每根经纱顺序地在3根或3根以上的织针上垫纱成圈，然后再顺序地返回原来的纵行。最简单的是3针经缎组织，如图3-2-13所示。经缎组织的织物表面因不同方向倾斜的线圈横列对光线反射不一致，而产生横条效应。当个别线圈断裂，线圈沿纵行逆编织方向脱散，但不会分成片状。

（4）经绒组织

经绒组织由经平组织变化而来。纱线在中间相隔一针的左右两枚织针上轮流编织成圈，如图3-2-14所示。经绒组织卷边性与经平组织相同，横向延伸性比经平组织小，脱散性小。

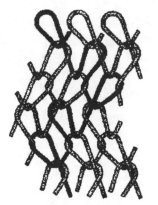
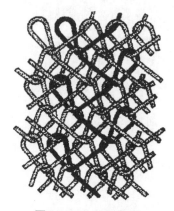

图3-2-13　经缎组织　　　　　　　图3-2-14　经绒组织

（四）针织内衣常用组织结构

针织内衣一般以纬编面料为主，常用的组织结构为纬平针组织、双罗纹组织、添纱组织、罗纹组织及其派生出来的一些小花型织物，还有毛圈组织、衬垫组织等。一些弹性针织内衣和运动衣也可以使用经编面料。

（五）针织外衣常用组织结构

针织外衣常用的组织多为花色组织。针织面料的花色组织包括色彩花纹和结构花纹以及同时具有色彩花纹和结构花纹或者具有多种花纹效应的结构花纹。

1.横条纹效应的面料

横条纹效应是采用不同种类的纱线组成各个线圈横列而形成的。

利用色纱交织或不同性能的纱线交织后染色而形成的色彩横条效应基本组织或与花色组织结合，其性能与所采用的组织相同。

利用组织结构的变化，如采用罗纹或双罗纹与单面组织复合或与集圈组织复合等，在面料表面可形成横向凹凸条纹效应。前者的常见面料有罗纹空气层组织、罗纹集团组织，这些组织比罗纹组织的伸缩性小，具有柔软、有弹性、尺寸稳定性好、厚实挺括等特点，织物的幅宽较宽，广泛用于针织外衣、童装、运动服。后者常见的面料有双罗纹空气层组织、双罗纹集圈组织，这些组织与双罗纹织物、罗纹式复合组织织物相比，具有更加厚实、紧密、横向延伸性小、弹性好、尺寸稳定性好的特点，广泛用于制作针织外衣。

除上述组织外，还有单面集圈组织、双反面组织、毛圈组织、衬纬组织、添纱组织、衬垫组织等均可在面料上形成横向条纹。

2.纵条纹效应的面料

纵条效应主要是利用组织结构变化的方法形成的。

对于外衣类面料，形成具有纵条效应的织物有集圈组织、罗纹式复合组织、双罗纹式复合组织、衬垫组织等。利用集圈组织形成的纵条纹效应宜制作秋衫面料；利用罗纹抽针浮线组织、罗纹集圈浮线组织等可在织物表面形成纵向凹凸条纹效果，罗纹抽针浮线组织的横向延伸性小，尺寸稳定性好，宜制作运动便装、春秋季外衣等；利用胖花组织，可在织物表面形成纵向凹凸条纹效应，胖花组织的外观像灯芯绒，通常采用涤纶低弹丝编织，宜制作秋冬季外衣，但织物容易起毛、起球和勾丝，也由于线圈结构的不均匀，使得织物的强力降低。

此外，采用提花组织、毛圈组织、添纱组织均可在织物上形成纵条效应。

3.网眼效应的面料

网眼效应的面料是T恤衫、春秋季外衣广泛运用的一种面料。

利用线圈与集圈悬弧交错配置，形成网孔效应，又称珠地织物。按照平针线圈与集圈悬弧数目相等或不相等，但相差不多的方式，交替跳棋式配置，形成多种珠地织物。这种织物透气性好，采用精梳棉纱编织的双珠地织物，经后处理后，网眼晶莹，酷似珍珠，是极好的夏季、春秋季服装面料。在罗纹组织的基础上编织集圈和浮线，形成菱形凹凸状网眼效应，这种织物透气性好，纵向和横向延伸性小，是夏季、春秋季外衣的良好面料。采用双罗纹组织与集团组织复合，可在织物表面形成蝉巢状网眼。这种织物比罗纹集圈组织厚实，延伸性小，挺括、有身骨，尺寸稳定性好，是适用于春秋季休闲时装的面料。

4.其他组织的面料

（1）提花组织

提花组织是将纱线垫放在按花纹要求所选择的某些针上进行编织成圈，未垫放新纱线的织针不成圈，纱线形成浮线，处于这些不参加编织的织针后面。提花织物根据组织结构有单面提花织物和双面提花织物之分，根据色彩有单色提花织物和多色提花织物之分，还有提花毛圈针织布、提花罗纹针织布等。原料有低弹涤纶丝、锦纶弹力丝、锦纶长丝、腊纶纱、毛纱、棉纱和涤棉混纺纱。提花针织布花纹清晰、图案丰富，质地厚实、结构稳定、延伸性和脱散性较小，手感柔软且有弹性，是较好的针织外衣面料。

（2）复合组织

复合组织是由两种或两种以上的织物组织复合而成。它可以由不同的基本组织、不同的变化组织、不同的花色组织复合而成。复合组织可以根据各种组织的特性复合成所要求的组织结构。罗纹组织与平针组织复合成罗纹空气层组织，双罗纹组织和平针组织复合而成双罗纹空气层组织。这类组织的织物紧密厚实、弹性好、保暖性好、横向延伸性较小、尺寸稳定性较好。若空气层组织外层采用棉纱编织，内衬高弹丝，是保暖内衣的极好面料；若正反面采用不同类型的纱线编织，则比较适合用作外衣面料。不完全罗纹与平针组织复合，形成点纹组织，结构紧密、尺寸稳定，织物表面有明显的点纹效应。提花组织与集团组织复合，形成提花集圈组织，正、反面可用不同类型的纱线编织，正面花色效应明显，表面耐磨、反面柔软、吸湿性强，是针织外衣的优良面料。由两种原料交织而成的涤盖棉面料，正面显露丝（涤等化学纤维），反面显露棉（棉等天然纤维），外观挺括、抗皱、耐磨、坚牢、色牢度好，而内层柔软、吸湿、透气、保暖、静电小，穿着舒适，集涤纶（化学纤维）针织物和棉针织物的优点于一体。单面涤盖棉织物采用平针添纱组织，双面涤盖棉织物经常采用罗纹、双罗纹集团浮线或空气层组织，适于制作运动服、夹克衫、健美裤等。

（3）起绒针织布（绒布）

表面覆盖有一层稠密、短细绒毛的针织物称为起绒针织布，分为单面绒和双面绒两种。单面绒由衬垫组织反面经拉毛处理而形成，双面绒一般是在双面针织物的两面进行起绒整理而形成。起绒针织布经漂染后可加工成原白、特白、素色、印花等品种，也可用染色或混色纱织成素色或色织产品。

起绒针织布手感柔软、质地丰厚、轻便保暖、舒适感强。所用原料种类很多，底布常用棉纱、涤棉混纺纱、涤纶丝编织，起绒纱用较粗、捻度较低的棉纱、脂纶纱、毛纱或混纺纱。根据所用纱线的线密度和绒面厚度，单面绒布又分为细绒、薄绒和厚绒。细绒布的绒面较薄，布面细洁、美观，纯棉类绒布的干燥重量为270g/m²左右，常用于制作妇女和儿童的内衣；脂纶类绒布的干燥重量为220g/m²，可制成运动衣和外衣。薄绒布中纯化纤类色泽鲜亮，缩水率小，干燥重且为380～450g/m²，用于制作春秋季绒衫裤。厚绒布的干燥重量为570g/m²，较为厚重，绒面蓬松保暖性更好，有纯棉和脂纶产品，多用于制作冬季绒衫、裤。

（4）长毛绒组织

长毛绒组织是在编织过程中用纤维或毛纱同地纱一起喂入编织成圈的组织。纤维以绒毛状附在织物的工艺反面。利用各种不同性质的合成纤维混合后进行编织，外观同天然毛皮相似，因此，又有"人造毛皮"之称。特别是采用脂纶制成的针织人造毛皮，其重量比天然毛皮轻，具有良好的保暖性和耐磨性，而且绒毛结构和形状都与天然毛皮相似，外观逼真，适合制作冬季外衣。

花色组织不仅能在针织坯布上形成各种花纹，以美化针织物的外观，而且能改变针织面料的性能，如减小脱散性，使织物更加紧密、厚实，尺寸稳定性好等，为针织服装外衣化、时装化提供了丰富的面料选择。

二、组织结构设计应用技巧

针织服装的组织设计是整个针织服装设计的基础，它需要考虑到各种组织特性、款式及服用要求。针织服装款式、配色相同，但织物的组织结构不同，其形成的花型款式和服用特性也不同，因此，针织服装组织的设计十分重要。

1.熟悉织物组织特性

在进行毛衫的组织设计时，首先必须熟悉各种织物组织的特性。如罗纹组织，它的横向具有较大的延伸性和弹性，只能逆编织方向脱散，不卷边，因此适宜做边组织，一般用来编织下摆、袖口、领口等位置，同时也可用来编织弹力衫或与其他组织配合形成各种款式的服装。

2.组织特性与毛衫款式及服用性要求相结合

在毛衫的组织设计时，要能将组织特性与毛衫款式及服用性要求结合起来。如设计春秋裙装时，款式要求其织物应具有滑糯、悬垂性好的特点。因此，可选用纬平针及其他单面组织的织物、如冬季毛衫服装，应采用保暖性较好的组织，如空气层、毛圈、长毛绒等组织。

3.不同组织结构针织毛衫的服用场合

不同组织结构的设计，还需考虑毛衫服用场合，如用于工作服的毛衫，其织物可多采用基本组织；而用于休闲场合服用的毛衫，其组织可多采用花色组织及肌理风格突出的组织。

4.组织肌理与毛衫整体风格的关系处理

毛衫时装化的要求促使在进行毛衫的组织设计时还须将组织肌理与毛衫整体风格协调起来。简洁的服装风格就要选择表面肌理效果比较平面的、花色不明显的组织肌理来表现，相反粗犷的休闲风格则要选择有丰富的立体效果的组织肌理来表现。

以上是设计所遵循的基本原则，但是现在的艺术表达出现了多种形式，尤其是20世纪30年代以后，西方出现了后现代主义。后现代主义没有明确的美学主张，他们破坏现代主义建立起来的审美标准，表现形式非常自由，没有特定的风格，随时可以将任何时代、任何艺术形式运用于自己的作品中，也不排斥其他的艺术形式，具有很强的包容性。他们可以将各种不相关的事物放在一起，而不用考虑连贯性和审美原则。这种思潮也融入到服装设计领域，设计师们在进行组织设计时，可以对组织进行拼凑、随意拉散等破坏性处理，

甚至在设计时，抛弃了服装功能性这一传统的原则，随心所欲。所以，组织的肌理设计也可以运用后现代主义的理念进行设计。

实用的产品设计还是应该遵循形式美法则，但每种产品的设计又不只是单纯的形式美，它依赖于与产品有关的其他内容，针织服装组织结构的设计也是如此，它的形式美是一种依存美，它的形式美设计还必须与毛衫服用功能、组织工艺操作可行性结合起来，才能成为实用的组织设计。

三、组织应用技巧

针织服装的组织设计是整个针织服装设计的基础，它是根据针织服装的款式和服用性能等要求来进行设计的。对针织服装的组织进行设计时，必须熟悉各类针织服装织物组织的结构、编织原理及组织特性，并将组织与款式、配色及服用要求相结合，才能设计出受欢迎的针织服装。

（一）常见组织设计及应用

毛衫服装的织物组织有平针、满针罗纹（四平）、罗纹、罗纹半空气层（三平）、罗纹空气层（四平空转）、棉毛、双反面、胖花集圈、单鱼鳞集圈、双鱼鳞集圈、提花、抽条、夹条、绞花、波纹（扳花）、架空、挑花、添纱、毛圈、长毛绒以及综合花型等各类组织。下面着重介绍几种常见组织的设计及应用。

1. 纬平针组织

纬平针组织是最常见、最简单的组织，通过纱线和色彩的变化即可获得丰富的表现效果。纬平针组织在市场上的毛衫设计中应用很广泛。在后期工艺中，装饰手段非常重要。常见的有镶边、刺绣、加蕾丝，或者也可以在领口、袖口、下摆、门襟等部位增加装饰效果，还可以用水钻、珠片等小的装饰品对简洁的针织服装进行增色。同时平针也经常和其他的组织组合运用。比如平针和罗纹、平针和绞花、平针和挑孔等，变化丰富，应用广泛，易于被广大消费者接受。

正反针组合产生的变化也很多。可以根据意匠图作具象的图案，也可做大块面的组合，充分利用正针凹反针凸的特点，形成另一种风格。平针组织在正反针床上做规律变化，4隔4针交替排列于正反针床，编织4行做一次正反织针的变换。图案的大小可根据具体设计风格做出变化，应用于毛衫，简单中透出几分俏皮，为广大青年消费者所喜爱。

平针的卷边效果明显，可以利用这一缺陷，将卷边运用于毛衫的领口、袖口、下摆，自然活泼。合理利用针织物的卷边性来设计针织服装，在服装上形成花型或与其他组织结构搭配组合，将会产生独特的外观效果。

2. 罗纹组织

罗纹组织由于产生了条状效果而具有丰富的变化。常见的满针罗纹、1＋1罗纹、2＋2罗纹由于具有良好的收缩性，常用于领口、袖口、下摆等部位，具有良好的保型性。应用于衣身，贴体修身，具有拉长效果，但不适宜很瘦的人穿着。宽窄不同的罗纹组合，产生活泼跳跃的节奏感，不同方向的线条相互穿插组合，韵律感很强。

罗纹的收缩性能，运用在毛衫造型方面，也有很好的效果。如图3-2-15所示，领口较宽的罗纹组织将整个毛衫的外形变得更时尚。罗纹还可用于袖口、裤口，根据款式设计合理选择罗纹长度。罗纹在女装、男装中的应用都非常广泛。罗纹的线感以及简洁的款式设计，可以充分体现男子的刚劲挺拔、豪爽开朗。可采用贴体型、半贴体型以及直筒型等。男装中，贴体型毛衫的线条要矫健有力，直筒型要明快大方，半贴体型介于两者之间。无论线条采用哪种组合，都要注意衬托男子的体型和气质为目的，切忌繁琐和花哨。

3.网眼组织

网眼效果与女性化风格总有扯不开的联系。网眼和其他组织如平针、罗纹的组合运用，既体现了多样化的风格，同时保型性又有了很大的改善。网眼镂空与绞花结构的间隔应用，配以大圆领，更能衬托女性的成熟妩媚，如图3-2-16所示。

根据挑孔的方法不同以及方向的多样变化，网眼组织的韵律感会很强，变化也会很丰富。加上异色线条，镂空形成的线圈受力不均所产生的波纹感表现得更加强烈，使镂空的毛衫又多了几分俏丽。网眼组织可根据毛衫的款式要求不同，选择横向编织或纵向编织。市场上也多见横向编织的挑孔毛衫，或将网眼毛衫的反面作为正面使用，而且在挑孔的同时，结合了集圈组织，备受时尚青年的喜爱。

4.绞花组织

通过相邻线圈的相互移位而形成的绞花组织，其独特的肌理效果，一直深受设计师的青睐。同方向位移可产生旋转扭曲的效果，而不同方向的扭曲，根据方法的不同，效果也很多样，丰富有趣。绞花结构常运用于衣身、袖等明显部位。将绞花组织相邻的线圈设为反针，绞花的立体感

图3-2-15　领较宽的罗纹组织将毛衫的外形变得更时尚

图3-2-16　网眼组织添加了女性精致柔美的气质

**图3-2-17 丰富的色彩表现是
提花组织最大的优势**

将更强，花型也更清晰。近几年，田园、温馨风格流行，用粗毛线配合绞花织出的原始粗犷的效果，将这一风格演绎得淋漓尽致。绞花组织中的阿兰花即使只是菱形图案，也可千变万化。局部造型图案比全身同一图案更显个性。如衣身局部的阿兰花，在菱形中间运用网眼或正反针，根据设计风格灵活使用，大大丰富了阿兰花的表达语言。

根据选择纱线粗细的不同，以及移位线圈数目的差别，绞花所产生的效果也不一样。纱线越粗，位移线圈数目越多，绞花扭曲的效果就越强烈，风格效果越强。绞花组织常和平针、罗纹类组织搭配使用，效果强烈。

5.提花组织

提花是针织服装中表现花色图案效果的重要组织，它的立体感和清晰感是印花面料所无法比拟的，也为设计师设计个性十足的服装提供了取之不尽的灵感来源。市场见到的花色图案毛衫也多为提花织物，如图3-2-17所示。

在设计提花图案时，要充分考虑针织工艺与设计效果。单面提花织物由于在背面产生浮线，容易发生勾挂，故不宜在袖口等处运用。其横向延伸性较小，织物一般比较厚实，难以表达轻薄效果；双面提花织物，背面不存在长浮线问题，即使有也是被夹在正、反面线圈之间。复杂的提花图案不可避免地会提高毛衫的整体价位，对称是设计针织服装款式中不容忽视的手法，以视觉惯有的平衡方法，通过色彩和面料间的叠加产生丰富的层次感和美感。

（二）流行的组织设计

不同的组织可以形成各种肌理效应，平坦、凹凸、纵横条纹、网孔等丰富多彩的外观，是毛衫不同于梭织服装的最大特性，相当于梭织服装中对于面料的再造，这为毛衫设计提供了极大的空间。织物组织风格与毛衫整体风格相结合是最基本的要点，当然也可以充分利用对比的效果。组织的某些物理机械特性如平针的卷边可起到装饰作用，罗纹的条纹效果和不同罗纹组织之间的疏密效果在设计中起到视觉引导的作用，塑造出一种流线动感的风格。花样组织的一些使用手法，较密的钩花组织表现出奢华、浪漫的风格，而较密的平针则通常塑造出有质感、硬挺的感觉；细密元宝针能做出轻盈飘逸的荷叶边摆，复杂和漂亮的卷边结构花型与其他质地面料混合，能创造出简洁明快、优雅质朴、适应时代的风格。

对于组织的设计，往往是两种或几种基本组织的混合搭配，变化丰富，效果往往出人意料。新式纱线层出不穷，电脑横机又为复杂花型的开发提供了有力的技术支持。花型设计师只有在熟悉各类毛衫织物组织的结构、编织原理及组织特性的基础上，迎合当季的流行趋势，将这些元素巧妙结合，才能设计出深受消费者喜爱的新式花型。

第三节 ● 针织服装的造型

服装造型是指服装在形状上的结构关系和色彩上的存在方式，包括外部造型和内部造型，也称整体造型的局部造型。点、线、面、体，是一切造型的基本要素。

针织服装相对于其他梭织服装而言，它有很大的特殊性。在设计方法、设计元素、工艺设计方面，都有其独自的一个体系。这些特殊性决定了其造型的变化多样。

一、针织服装的外轮廓造型

廓型，又称轮廓线或造型线（silhouette），意思是侧影、轮廓，指的是服装抽象了的整体外型。服装的外轮廓是指穿上服装后整个人体的外在形状，是服装被抽象了的整体外型。廓型是服装造型的基础，它摒弃了各局部的细节、具体结构，充分显示了服装的整体效果。轮廓线必须适应人的体形，并在此基础上用几何形体的概括、形与形的增减和夸张，最大限度地开辟服装款式变化的新领域。服装造型的总体印象是由服装的外轮廓决定的，它进入视觉的速度和强度高于服装的局部细节。服装的造型是由轮廓线、结构线、零部件线及装饰线所构成，其中以轮廓线为根本服装造型，它是服装造型的基础。针织服装的外轮廓不仅表现了服装的造型风格，也是表达人体美的重要手段。

针织服装的造型，就是借助于人体基础以外的空间，用原料特性和制作工艺手段，塑造一个以人体和原料共同构成的立体的服装形象。

（一）针织服装廓型的分类

针织服装廓型基本以字母型和物态型表示法最为多见，它们具有简单明了、易识易记的优点。另外还有几何形、体态型等表示法，但相对用得较少。

1.字母型

以字母命名服装廓型是法国服装设计大师迪奥首次推出的。从服装史中可以看出，轮廓线的变化是丰富多彩、千姿百态的，但归纳起来无非是H型、A型、T型、X型等，而且都已成为当前时装设计的典范。其他廓型都是在这些廓型的基础上演变或综合它的特点进行设计的。

这里将目前较为常用的廓形分述如下。

（1）H型

H型廓型也称矩形、箱型或桶型，整体呈长方形，是顺着自然体型的廓型，通过放宽腰围，强调左右肩幅，从肩端处直线下垂至衣摆，给人以轻松、随和、舒适自由的感觉。H型服装具有修长、简约、宽松、舒适的特点。

在针织服装中，H型的廓型是最常见的，通常采用四平组织来体现宽松随意的休闲风格，如图3-3-1所示。

（2）A型

A型廓型也称正三角外形，主要是通过修饰肩部、夸张下摆形成的，由于A型的外轮廓线从直线变成斜线增加了长度进而达到高度上的夸张，是一般女性喜闻乐见的，具有活泼、潇洒、流动感强和充满青春活力的造型风格。如大衣、无袖连衣裙，婚纱类服装等。在针织服装中A型廓型深受女士喜爱，它不需要裁片，利用针织服装所特有的组织结构（如：绞花、罗纹等）来形成自然的A型的外轮廓廓型，如图3-3-2所示。

图3-3-1　H型廓型　　　　　　　　　　　图3-3-2　A型廓型

（3）T型

T型廓型类似于倒梯形或倒三角形，其造型特点是强调肩部特征、下摆内收形成上宽下窄的造型效果。轮廓线具有庄重、健美、力量的象征，而且还有大方、洒脱的气概，适合男子穿着。T型廓型服装在欧洲妇女中颇为流行，如图3-3-3所示。

近两年中性的T型廓型在毛衫中较为流行，特别是休闲女装毛衫中较常见，简单的款式、硬朗的结构，中性又不失女性的妩媚。

（4）X型

X型廓型的线条是最具女性特征的线条，其造型特点是根据人的体形塑造稍宽的肩部、收紧的腰部、自然的臀形。X型线条的服装具有柔和、优美、女人味浓的性格特征，如图3-3-4所示。在淑女风格的服装中这种廓型用得比较多，在针织服装中比较合体的紧身毛衣是典型的例子，特别是罗纹的细针毛衣。

针织服装结构的变化含整体结构变化和局部结构变化。整体结构的变化也是基础造型的变化，以H、A、T、X这几种基础的字母造型为核心，可变化出千姿百态的造型来。

2.几何型

轮廓线必须符合人的体形，在此基础上用几何形体的概括，并加以增减与夸张的手法来开辟针织服装款式变化的新领域。服装是以人体为基准的立体物，也是以人体为基准的空间造型，因此，必然要随着人体四肢、肩位、胸位、腰位的宽窄、长短等变化而变化，

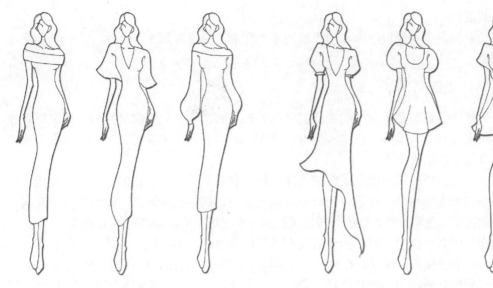

图3-3-3　T型廓型　　　　　　　　　　　　图3-3-4　X型廓型

即受人体基本形的制约。就设计师而言，由于对人体的观察角度不同，对廓型的构思也不同。从几何形的角度说，它可以概括为"圆柱体""正圆锥体"和"倒圆锥体"等，在此基础上，还可以运用多形体的组合、套合、重合、增减、方圆体的转换组合等现代立体构成的基本方法来变化服装立体的基本形。

3.物态型

剪影的效果应该不难想象，服装设计师可以利用剪影的方法将某种形象变成平面的形式，再通过联想法把服装外形想象成某个物态形式。服装设计师，必须具备丰富的想象力和独特的创造力。在设计一件毛衣时可以先把它的外轮廓抽象为腰鼓形、火炬形、喇叭形、郁金香型等，再进行深入的细部设计。

这里将目前较为常见的物态型服装外轮廓造型分述如下。

（1）腰鼓型

状似竖立起来的腰鼓，中间膨胀两头较小。此廓型多为隆起式的连衣裙。1990年流行的蚕茧式的设计，即属此种廓型。

（2）火炬型

主要通过上衣下装的搭配来体现，宽而短的上衣与窄裙相配，是这一廓型的装饰典型。在设计时，要求肩线自然，裙摆要紧束收拢才能达到较好的效果。

（3）喇叭型

廓型整体呈上紧下松的喇叭裙，裙摆可大幅地展开。其特点在于裙摆的处理，上身和腰线不甚强调，显得自然潇洒。

（4）郁金香型

整体的造型像一枝含苞欲放的郁金香，流行的一步裙就是这一廓型的典型款式。

（5）葫芦型

由两条对称的曲线构成，有上大下小和上小下大两种形式。适用于女性服装，我国民族服装中的旗袍就是采用这种廓型。

（6）鹅蛋型

圆浑的肩膀向下摆慢慢收窄，形成椭圆形的轮廓。由于廓形呈外弧线，有一种膨胀和扩张的感觉。

（二）针织服装外廓型的变化规律

任何针织服装造型都有一个正视或侧视的外观轮廓，这个外轮廓是预测和研究服装流行趋势时经常提到的"廓型"。虽然针织服装外轮廓造型变化丰富多彩，千姿百态，但是其变化也是有规律可循的。

针织服装的造型往往是根据面料的性能、材质和表面的风格确定的，面料的作用在造型中具有绝对的主导地位，决定着毛衫外轮廓的造型。其主要原因是，面料的性质决定着服装款式的范围、色彩风格，针织面料的风格和组织更适于简洁完整的结构形式。

针织面料因其内部的线圈结构使其具有良好的伸缩性、柔软性、多孔性、防皱性，使得针织服装穿着时没有束缚感，有些还可以形成符合体形的轮廓，即具有合体性和舒适感。又由于针织物的防皱和多孔松软性质，给设计师设计宽松轮廓也带来颇多灵感。服装廓型以简洁、直观、明确的形象特征，反映着服装造型的体态特点。审美心理学告诉我们，越是简单的图形，越具有醒目的视觉效应。因此，以廓型的方式反映服装造型的特色，也最合理最简便。

1.造型的简洁性

针织服装中外轮廓线的形式，大多是直线、斜线或简单的曲线。往往在梭织面料中必须采用曲线的部位，针织面料只需直线或斜线就能达到相似的效果。

从面料的性能上不适宜采用过多的分割，一般不存在结构功能的分割线，因而服装的廓形多为H型、O型。

2.造型的宽松性

针织物的松软、多孔的特性决定了针织服装的宽松外轮廓造型。穿着舒适、随意，可搭配性强，如图3-3-5所示。

3.造型的统一性

当整体廓型确定之后，进行结构设计时，首先应注意内轮廓的造型风格应与外轮廓相呼应；其次内轮廓各局部之间的造型要相互关联，不能各自为政，造成视觉效果紊乱。例如：下摆尖角与圆口袋、飘逸的裙摆与僵硬的袖子等，会令人产生不协调的感觉。

4.造型的可转换性

针织服装的基本形可概括为A型、H型、X型、O型等，在此基础上可以运用现代平面构成的原理，运用组合、套合、重合，运用方圆与曲、直线的变化和渐变转换、增减形变化等改变服装的外形，如图3-3-6所示。

总的说来，尽管服装外型变化较多，但它必须通过人的穿着才能形成立体形态。从服装史中可以看出，轮廓线的变化是丰富多彩、千姿百态的，但归纳起来无非是两大类，即直线型和曲线型。直线型有H型、A型、T型、V型等，曲线型有X型、S型等，而且都已经成为当前时装设计的典范。其他廓型都是在这些廓形的基础上演变或综合它的特点进行设计的。

图3-3-5 针织服装松软的特性可随意塑型　　　图3-3-6 各种分割使服装更加生动

二、针织服装的内部造型设计

（一）针织服装的分割线设计与种类

　　分割是针织服装内部造型布局的重要手法，其目的是使衣服便于开启和穿脱，同时使部位与部位、部位与整体之间产生间隔与节奏感，在保证符合比例美的前提下，增强服装的层次感和立体感，增强装饰效果，使衣服更加适体美观。

　　针织服装的分割线是具有结构与装饰双重性质与功能的线条。它通过比例剪割、抽褶收缩、翻折叠和、分层组合等工艺处理方法，达到各种不同的艺术效果。一般常见的有纵向分割、横向分割、斜向分割、交叉分割、弧线分割等。

1.纵向分割

　　纵向分割是在平面上做一条竖向分割线，引导人们的视线作纵向移动，给人以增高感，同时平面上的宽度感也有所收缩，这是服装分割中最常见的线条之一。

　　纵向分割具有修长、挺拔、崇高感和男性风格，在女式毛衫上则有亭亭玉立之感。多用于正式场合，同时因纵向分割具有高度感，最适合于矮胖体形的人选用。纵向分割线一般用于结构线、装饰线、装饰结构线和褶裥线，适合于直筒式、帐篷式、公主线型和卡腰式的毛衫。

2.横向分割

横向分割是在平面上做一条水平分割线，引导人们的视线作横向移动，使平面有增宽感，也是服装分割中较常见的线条。

横向分割具有宽阔、平稳、柔和的特点以及女性风韵。在男式毛衫上则有雄健、稳重的效果。在女式毛衫设计中，横向分割线不仅可作腰节线，还可作装饰线，并加滚边、嵌条、缀花、蕾丝、荷叶边、缉明线或用色块镶拼等工艺手法，创作出活泼、可爱的艺术效果。突出表现横向分割线的艺术视觉效果，使针织服装在外观上协调一致，如图3-3-7所示。

3.斜向分割

斜线的倾斜程度是决定分割效果的关键。一般可在胸、肩、臀、衣领、衣袖、裙摆等部位作斜向线的分割。斜向分割线具有轻快、活泼、动静结合的特点。斜向分割线可呈对称或非对称的形式出现。

斜向分割具有活跃、轻盈、力度感和动感效果。运用斜线的不同斜度可创造出不同的外观效果，接近垂直线的斜向分割具有增高感，适用于矮胖者的服装分割；接近水平线的斜向分割具有增宽感，适用于高瘦者的服装分割；45°倾角的斜向分割既有轻快活泼感，又能掩盖体形的不足，具有胖人显瘦而瘦人显胖的效果，如图3-3-8所示。

图3-3-7　横向分割提升了腰节线，使人看上去更修长　　图3-3-8　斜向分割使服装轻快活泼，让人显瘦

4.交叉分割

交叉分割是指服装上的两条或两条以上的线相交，把服装分割成三个以上几何线条。交叉分割线的艺术效果是一种视觉上的综合效果，它好比人的动作姿态所造成的各种各样

的美感，给人以无穷的艺术魅力和无限的想象力。

交叉分割的应用效果多种多样，既有活泼感又有稳重感，可以灵活运用。

5.弧线分割

弧线分割是通过弯曲线条的规则或不规则的表现形式，把服装分割成若干几何图形的线条。

弧线分割具有柔软、丰盈、温柔感和女性风韵。多用于女式毛衫设计，能产生优雅别致的效果。

6.自由分割

自由分割是不受纵、横、斜、弧分割类型的影响，可以自由的分割划分，并达到多种分割的自由统一的效果。自由分割包括波状线、螺旋线等较活泼、自由、富于变化的分割线。

自由分割具有洒脱、自如、奔放感和多变性。它强调个性，突出风格，是多分割线的综合运用，可以自由选择配置分割的比例和形式，通过连接、转换使服装造型更丰富多彩，但要注意遵循形式美法则，避免造成比例失调或线条混乱。

（二）针织服装的结构线设计

服装结构线是构成服装组织结构和部位规格的基本线条，是服装各部件有机组合完整配备的机构成分的统称。结构线在服装上表现为各种缝合线、省道线、肩缝线、袖窿线、褶裥线等，既是衣服裁片的连接线，又是其分割线。它往往与人的形体结构呼应，与服装的形状直接相关联。结构线主要包括省道线、褶裥线等。

针对针织服装的特殊性，与梭织服装相比其结构线相对较少，有些甚至没有，但这些结构线也起着非常重要的作用。针织服装中的省道线、褶裥线虽然外形都不同，但在构成服装时的作用是相同的，就是使服装各部件结构合理、形态美观，达到适应、美化人体的效果。

针织服装的装饰线是指对针织服装造型起到艺术点缀修饰美化功能的线条。按其属性可分为艺术性造型装饰线和工艺性造型装饰线。艺术性造型装饰线表现为服装款式上具有装饰功能的直线、横线、斜线、曲线、折线、交叉线、放射线、流线、螺旋线等，还有配色线、凹凸线、光影线、图案线、抽象线等。工艺性造型装饰线表现为毛衫款式上具体的覆肩线、镶嵌线、拼接线、车缝或手缝明线以及抽裥线、叠裥线、花边线、拉链装饰线等。装饰线虽然与结构线、分割线紧密相关，但在本质上是不相同的，它是充分体现艺术点缀与修饰美化功能的线条，从而增添服装造型的整体美感，特别在当今时装上应用很广泛。

针织服装的构成设计中，既要重视服装的前半身又要注意后半身及侧面的布局，避免造成后半身单调乏味，前后失调。服装的前后半身的造型，既要有主次变化，又要协调呼应。服装后半身造型布局要根据人体的肩、背、腰、臀、腿等部位的特征，服从整体造型。而侧面造型，是表现服装立体感的重要部位。

（三）针织服装的局部造型设计

就服装的整体而言，服装是一个统一的、可独立品味的对象。但任何一个整体，均由许多局部组成，局部是依附于整体而存在的，同时整体和局部都有各自的独立性。在针织服装设计中，服装造型是包含人体在内所组成的一个整体，其中衣领、衣袖、口袋、衣摆、裙摆、裤摆、门襟、衣衩以及服饰配件（如领带、腰带、纽扣、鞋帽等）等的细节表现组成了服装局部的变化，同时也影响着整体的风格变化。局部造型在产生服装外形轮廓造型的基础上运用美学形式法则，对服装某些局部进行适当的造型设计处理，使其与整体造型协调统一。

1.领型设计

（1）领的分类

衣领对针织服装的款式造型，起着决定性的作用。领型在服装造型中占据着很高的地位。衣领在结构上可分为领口和领子两个部分。领口是衣身部分空出脖颈的空间，裁剪上称为领窝。各种形状的无领衣服实际上是领窝的变化。而在领窝（或领口）上的独立于衣身之外的部分，通常称为领子。衣领的构成因素主要是领口的形状、领角的高度和翻折线的形态、领面轮廓线的形象以及领尖的修饰等。由于衣领的形状、大小、高低、翻折等的不同，如图3-3-9所示，形成了各具特色的针织服装款式。

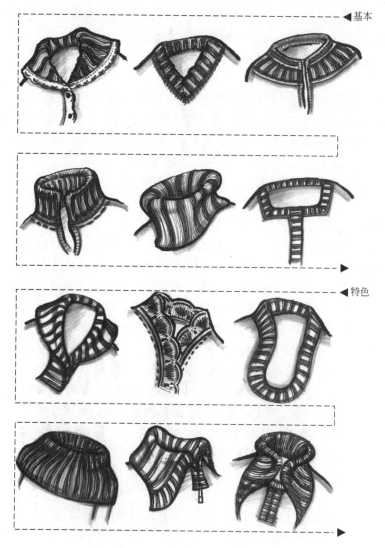

图3-3-9　多种毛衫的领型设计

针织服装衣领的式样繁多，造型千变万化，分类和名称说法不一。

按领子的高度可分为高、中、低领。

按幅度可分为大、中、小及无领。

按形状可分为方、圆、不规则领。

按穿法可分为开门、关门、开关领。

按结构则可分为挖领、添领两大类。挖领包括无领和在领窝上加装不翻的领边而形成的领型。添领则是在针织服装的领圈部位添置各种形状的领子，其主要分为开领和关领。

（2）领型与人体的关系

领型的设计要结合人的体型、脸型、颈部的长短和粗细、肩宽造型、胸部造型等各方面。通过领型设计，对人体造型的塑造做到扬长避短，使瘦弱者变得匀称丰满，使颈部过长或过短者向正常体型靠拢，使人体各部分协调美观。

人的颈部有长有短，在设计过程中，领圈的设计要根据颈部的具体情况而定。颈部较长的，领脚应开的高一点，以升高的领子掩盖部分颈部面积，进而减弱颈部过长之感，如立领、关门领，或在领口关门处设计装饰物，缩短头颈的延伸部位等。颈短的则与此相反，领型可设计成袒领、驳领、无领或前开领尽量开低，增加颈部的延伸度。对于颈前倾者，根据正中线，领圈也要前移，不然的话，后背会翘起来。对于运动服开领圈时，要适当后移，前领脚开高，后领脚开低，可以避免衣服前翘。

衣领的设计还需考虑到其他方面的因素。例如，肩宽的人，领宽也相应设计的宽一些，减少小肩部裸露面；肩窄的，领宽也要窄一些，使小肩与领宽通过宽度的对比显得匀称，或者用荷叶边的装饰手段加宽小肩宽度造成视觉上的错觉；大V领能使圆脸的人显瘦和变得有精神；胸围大、偏胖者领型设计要求简洁，领宽和驳口宽度要适中，过宽或过窄都会使人显得更胖，领宽和驳口宽一般为前胸宽的1/2左右；偏瘦者，可采用双叠门或荷叶领，领型和门襟装饰可以设计得丰富一些，使穿着者显得更丰满健壮；而简洁的罗纹翻领，则是适合大多数人的设计，如图3-3-10所示。

衣领的设计，还要充分考虑衣料的色彩，并加以适当的装饰，如花边、打褶、滚边、重叠等。衣领设计要符合流行趋势，紧贴国际潮流，适应针织服装风格，根据多样统一的原则处理好主次关系，使服装整体设计具有鲜明的特色和风格。

2.袖型设计

针织服装的袖型与领型一样，在设计中占有重要的地位，对服装效果的影响很大。因此，在设计袖型时，必须考虑款式造型和人体特点将两者的设计有效地结合起来，才能设计出适宜的袖型。

袖子是包裹肩和手臂的服装部位，与领子

图3-3-10　简洁经典的罗纹翻领

一样，也是针织服装款式变化的重要部位，它既可调节人体冷暖又有装饰的功能，更富有机能性和活动性。由于袖子穿在身上随时都需要活动，因此它的造型除了静态美之外，更需要动态美，即在活动中的一种自由舒适的美感。袖子由袖山、袖身和袖口三部分组成。袖型的变化主要由袖山、袖身和袖口的造型变化再配合多变的装接缝纫方式而构成。衣袖的造型，随着袖山、袖身、袖口及装饰等因素的变化而变化，其中包括袖窿位置、形状、宽窄（深浅）的变化；袖山高低、肥瘦、横向分节、竖向分节、抽褶的变化；袖口大小、宽窄、口型、底边的曲直斜、开门方式、开门位置、开门长短、边缘装饰及卷轴的变化，如图3-3-11所示。其中最关键的一点是要把握住袖型的变化规律。一般情况下，袖子的长短、肥瘦都是呈周期变化的，只有把握其周期变化规律，才能设计出流行的袖型，国际上袖型变化的周期一般为5年左右，近来又有周期缩短的趋势。

◀基本

◀特色

图3-3-11　多种毛衫的袖型设计

（1）袖子形状造型分类

① 普通衬衫袖，裁剪时为独幅一片式袖。

②铃形袖，象铃的造型一样，上小下大，也称为喇叭袖。

③灯笼袖，袖山与袖口两端收束，中间蓬松。

④泡泡袖，袖山蓬松隆起，下端袖口一般不加褶量。

⑤西装袖，袖山深比衬衫袖高得多，分大小两片式袖子进行裁剪。

⑥中装袖，袖子和大身相连，大身无肩斜，袖中线和肩水平。

⑦连袖式，大身有间歇，袖中线和小肩斜角线圆顺相连。

⑧无袖式，将大身袖窿作为出手口，或是略放长小肩和前胸宽，成为极短的连袖式，外观仍是无袖式造型。

（2）袖子长度造型分类

①连袖，又称连衣袖，袖子和大身相连，不需要装袖。

②装袖，袖子和大身是两个部分，通过装袖工艺将袖子和大身连为一体。

③插肩袖，插肩袖的肩部与袖子是相连的，由于袖窿开得较深直至领窝处，因此，整个肩部即被袖子覆盖。

④无袖，是肩部以下无延续部分，也不另装衣片，而以袖窿作袖口的一种袖型，又称肩袖。

3.门襟和下摆设计

门襟主要用于针织服装中的男、女、童装开衫的叠门处，即可扣纽扣、装拉链起关合作用，又起到了装饰作用。门襟在长短上可分为通开襟和半开襟。通开襟是襟直开至摆底，半开襟一般为套头衫。门襟的形式较多，主要呈条带状，门襟带所用织物组织一般为满针罗纹的直路针或2＋2罗纹的横路针，也可用1＋1罗纹、畦编、波纹、提花、绣花等形式。门襟的种类很多，归纳起来按造型分为对称式和不对称门襟两大类。对称式门襟是以门襟线为中心轴，造型上左右完全对称。这是最常见的一种门襟形式，具有端庄、娴静的平衡美。不对称式门襟，是指门襟线离开中心线而偏向一侧，造成不对称效果的门襟，又叫偏门襟，如图3-3-12所示，这种门襟具有活泼、生动的均衡美。

（1）门襟设计

门襟是针织服装布局的重要分割线，也是服装局部造型的重要部位。它和衣领、纽扣、搭襟、拉链互相衬托，和谐地表现服装的整体美。门襟还有改变领口和领型的功能，由于开口方式不同，能使圆领变尖领、立领变翻领、平领变驳领等。门襟与纽扣的不同配置，使服装产生严肃端庄、稳健潇洒、轻盈活泼的不同效果。针织服装上门襟必须按照服装的款式、组织结构、服用要求等进行合理有效的设计，在设计中既要考虑门襟的平整、挺括、不易变形等因素，又要注意其装饰效果，以穿脱方便、布局合理、美观舒适为原则，如图3-3-13所示。

图3-3-12　偏门襟有活泼、生动的均衡美

基本

特色

图3-3-13　多种毛衫的门襟和下摆设计

（2）下摆设计

针织服装的底边称为下摆，它的变化直接影响到服装廓型的变化，而下摆线（底边线）是服装造型布局的重要横分割线，在旋律中常常表达一种间隙或停顿。其造型通常由紧身型、A型、H型、O型四大类。针织服装的造型设计应与服装的整个外轮廓造型协调起来，并服从于外轮廓造型。一般情况下，下摆的形式有直边、折边、包边三种，直边式下摆是直接编织而形成的，通常采用各类罗纹组织和双层平针组织来形成；折边式下摆是将底边外的织物折叠成双层或三层，然后缝合而成的；包边式下摆是将底边用另外的织物进行包边而形成的。

针织服装中裙装的下摆是服装比较特殊的造型内容。它是空间和动态的总和，具有明显的造型特征。按其形状可分为宽摆、窄摆、波浪摆、张口摆、收口摆、圆摆、半圆摆、扇形摆等。按其工艺装饰特征可分为叠褶摆、环形波浪摆、花边装饰摆、开衩摆、缀花摆等。裙摆的设计往往可成为裙的艺术视觉中心，产生优美的动态感，见图3-3-13。

4.口袋设计

　　在服装上，口袋具有存物和装饰的作用，口袋设计是针织服装设计领域中的一个重要组成部分，是时装潮流发展的重要特征。各具形态的口袋造型设计美化了服装款式，增添了各种情趣，也提高了服装的实用性，同时借助于口袋位置、形态的变化，可使服装具有新奇感。在口袋的设计中，要注意口袋在服装整体中的比例、位置、大小和风格的统一，也就是说，袋型要服从服装整体和各部分的需要，成为它们的装饰成分，起到画龙点睛的作用。

　　服装口袋造型无论如何变化，按服装制作工艺归纳起来分为三大类：插袋、挖袋、贴袋。在口袋造型设计中，须根据功能与审美的要求，结合服装的领边、门襟边、下摆边、袖口边和整体造型进行构思，同时要运用形式美的法则，做到均衡、相称、统一、协调一致，如图3-3-14所示。

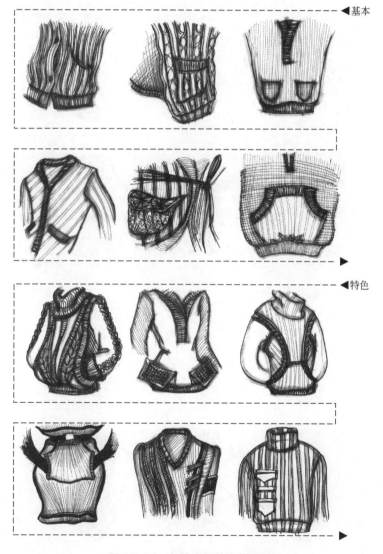

图3-3-14　多种毛衫的口袋设计

各种袋形的设计，要便于手和手臂的活动；衣袋位置的设置要有利于手的插入角度和高度，既便于伸缩自如地放、取物品，又能让手得到舒适的休息。袋口的方向、口袋的大小和袋位的高低要符合功能性和形式美的要求。不同服装品种对衣袋造型有不同的功能要求。一般情况下，男装的实用性强一些，女装则装饰性强一些。

由于针织面料的特殊性，一般毛衣、内衣、薄的针织衫等服装都不加口袋。而针织外衣、运动服等则可以根据上述的基本原理去设计口袋。现代服装衣袋的实用性在降低的同时，其装饰性却在不断提高。衣袋的装饰手法很多，有挑、补、绣、缉线、衍缝、抽褶、镶边、搭袢、拉链、袋中袋、袋叠袋等。

5.装饰配件设计

在针织服装中装饰配件设计的运用也很重要，可以加上镶、嵌、贴等工艺装饰手法运用于针织服装衣片的接缝处，如领口、袖口、门襟、下摆等边缘处，以实现实用性和装饰

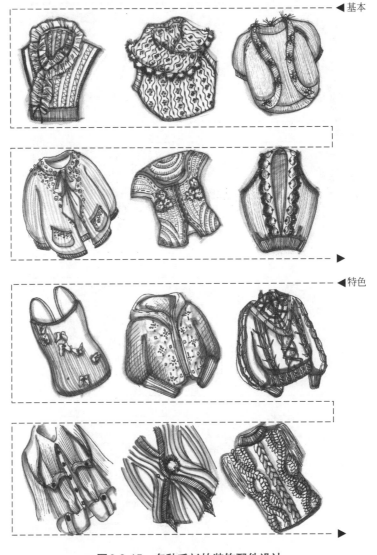

图3-3-15　多种毛衫的装饰配件设计

性的结合。除此之外，在后期工艺中还可以用水钻、珠片、绒线球等外加的装饰物对简洁的针织服装进行增色，针织服装时尚化的路线更加明显。

针织服装的装饰手段有纽扣、拉链、抽带、镶边、刺绣、珠饰、钩花、流苏、贴布绣、开衩等。这些配件的选择和应用要与服装的色彩、款式、服用对象等结合起来，既要有对比，又要有整体协调，如图3-3-15所示。

在针织服装设计中，这几个元素可以单独存在也可同时运用在一件衣服上。

第四节 ● 针织服装的色彩

一、纱线对色彩设计的影响

色彩设计在针织服装设计中，占有非常重要的地位，这也是与梭织服装设计最为不同的环节。了解与分析纱线、针织面料、毛衫的组织结构及其特有的廓形特点的，对设计师进行针织服装的色彩设计有重要的指导作用。

不同的纤维具有不同的截面形状和表面形态，其面料对光的反射、吸收、透射程度也各不相同，会影响针织物的色彩感觉。面料对光的反射强，针织物表面色彩明亮，如化纤织物；面料对光的反射弱，针织物表面色彩柔和，如棉织物。再比如，同样色彩的棉织物，经丝光处理后，纤维截面圆润、饱满，增强了对色光反射的能力，针织物感觉鲜艳、亮丽，而未经丝光处理的针织物，色彩鲜艳度低些，感觉淳朴、自然。

羊毛是一种卷曲而带有鳞片的短纤维，羊毛织物相对较厚重。因此，用色力求稳重、大方、文静、含蓄，常常采用中性色，明度、彩度不宜过高。当然，要随四季、性别、流行等具体情况而变化。仿毛产品也追求这种色感。

蚕丝是一种细而光滑的长丝，光泽较强，其针织物光滑、轻薄、柔软、精致、轻盈、飘逸，别具风格，常用于夏季服装和内衣。用色既要柔和、高雅，又要艳丽、柔美，所用的色彩一般明度和彩度均较高，如嫩黄、浅绿、冰淇淋色、粉色等。

麻类纤维比较粗硬，其针织物风格比较粗犷、洒脱，但因有优良的湿热交换特性，常作夏季衣料，色彩一般浅淡、自然、素雅，如浅棕色、玉米色等。

化学纤维除了常规纤维外，还生产出各种新型纤维，截面和表面形态可以人为赋予，根据天然纤维的不同色感进行设计，以达到化纤仿真的目的。

（一）纱线结构的变化与色泽效果

纱线采用单纱或股线，它的粗细、捻度、捻向等结构的变化会影响针织物表面色光的变化。一般来说，股线由于条干均匀、纱线中纤维排列整齐、表面毛羽少、光洁，所以色泽比单纱要好，如图3-4-1所示。

（二）纱线粗细对色泽的影响

纱线的粗细不同，色光效果也不同。比如同样是棉针织物，染色工艺相同，但高支棉纱与低支棉纱的色光完全不同，前者细腻、光滑、色彩鲜艳；后者粗糙、厚重、色彩暗淡

图 3-4-1　不同粗细的纱线对色彩的影响

朴素。这是因为高支棉品质好、纤维长、纤维束整齐、纱线表面光洁、反光均匀、上色好，因此，色感纯正、艳丽；而低支棉纤维短、纱线表面毛羽多、对光呈漫反射，因而色彩质朴、自然，如图 3-4-2 所示。

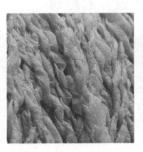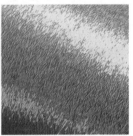

图 3-4-2　不同质感的纱线对色彩的影响

（三）纱线质感对色泽的影响

质地不同的纱线其光泽和质感也不同，色彩视觉效果也千变万化。如有光丝、黏胶丝可给人流光溢彩的效果，各种花式纱线也有着丰富的表现力，花式纱线的色调多以鲜艳色为主，由清新的青柠绿到鲜艳的蓝绿，由蜜瓜的橙黄色到鲜红色和桃红色等，可以采用花式纱线的混色效果与粒状肌理营造出异域情调与女性魅力。

（四）纱线捻度对色泽的影响

在不影响纱线强力的条件下，捻度应适中。捻度过小，纱线较粗，会影响针织物表面的细洁程度，使色泽下降；而由强捻纱织成的织物，由于整理后纱线有退捻的趋势而发生一定程度的扭曲，使针织物表面有轻微的凹凸感，对光线形成漫反射，色泽较差。通常捻度大的纱线色彩光感较强，颜色比较鲜艳，捻度小的纱线色彩质感柔和，如图 3-4-3 所示。

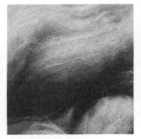

图 3-4-3　不同捻度的纱线对色彩的影响

（五）纱线捻向对色泽的影响

纱线的捻向对色泽也有较大的影响。S捻与Z捻的纱线对光线的反射情况不同，利用这种现象，在针织物的组织结构设计时，可将S捻纱与Z捻纱按一定比例相间排列，得到隐条、隐花的针织物。

二、组织结构对色彩设计的影响

组织结构是针织服装独具魅力的地方，由于其组织结构与梭织物不同，所以色彩设计方法也不同，设计师应充分利用毛衫组织结构的特点，来设计出更有针织服装"味道"的毛衫。在设计中常采用织纹的变化、色彩的变化以及两者结合等方法来丰富使用功能和视觉形态。

（一）织纹的变化

针织服装常用的织纹主要有平针组织、罗纹组织、双罗纹组织、四平空转、集圈组织、扳花组织、提花组织、空花组织等。

同样是毛针织物，染色工艺相同，色光效果却不同。通常，平针、罗纹、四平组织的色光细腻、光滑，色彩鲜艳；而集圈、扳花、空花等组织色光粗糙、厚重，色彩的明度纯度都要低些，这完全是由于组织结构的表面肌理与对光线反射程度不同造成的，如图3-4-4所示。

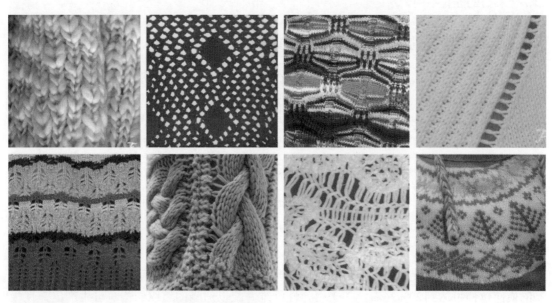

图3-4-4　不同组织结构的色彩视觉效果

（二）色彩的变化

在平纹的毛衫中，如果拼接了不同的颜色和提花，就能以色彩和花型的变化打破平纹织物的单调。若色彩明度、纯度偏高，就会有活泼、明快的感觉；若明度、纯度偏低，则有沉静、理性的感觉。如在其中添加一些色彩艳丽、明亮的线条，可起到画龙点睛的作用。

色彩变化手段除传统的色纱、花式纱交织方法外，还流行晕染、绞染、镶拼等方法。如在被誉为针织时装代名词的意大利针织品牌米索尼（MISSONI）的服装中，设计师欧塔维奥·米索尼（Ottavio Missoni）利用条纹、斜条纹、人字纹、锯齿状图案、几何图形、圆点、格纹、电波纹，让针织衫看起来像人体上的一幅立体画，而鲜艳多变的色调混合，更是让MISSONI的服装充满了强烈的色彩美感，如图3-4-5所示。

图3-4-5　MISSONI的服装充满了强烈的色彩美感

拼色设计手法在毛衫中经常用到，运用得恰到好处，则能把单调的色彩表现得具有动感，也能使鲜亮的色彩略微收敛，能让同色系的各种色彩达到协调统一，或者通过强烈对比的色彩搭配，形成跳跃效果。毛衫多运用大量的拼色或细条纹的色彩交织，拼色可以运用各种色彩，常见的有黑白、黑红、黑黄、蓝白、红白、棕咖等色彩搭配，不同款式的毛衫，色彩搭配亦有不同。

三、针织服装的廓形对色彩设计的影响

色彩设计是针织服装设计的基本元素，在设计过程中，或先有廓形设计的构思，然后配合适宜的色彩；或先提出色彩方案再配合相宜的廓形，可见廓形与色彩的关系可谓唇齿相依。针织毛衫与其他类别的服装设计所不同的是，针织面料具有悬垂、柔软、弹性好等特点，所以其廓形设计宜从大处着手，结合色彩变化，设计出更适合服装廓形的针织服装。

（一）根据针织服装廓形的种类进行色彩设计

从服装美学观点出发，针织服装外形轮廓造型变化可归纳为三种类型，即紧身型、宽松型、直身型。

1. 紧身型

弹性是针织服装突出的特性，所以紧身型是最有利于发挥毛衫优势的廓形。一般针织物的横向拉伸可达到20%左右，如采用弹性纤维并配以适当的组织结构，可生产出弹性极强的面料。由这类面料制作的服装适体性特别好，既能充分体现人体的曲线美，又能伸缩自如，适应人体各种运动与活动所需，同时还兼有舒适、透气的优点。不同的紧身款式，应选用不同的色彩来满足设计需要。

（1）紧身便装

有春、秋、夏季的紧身上衣、裤子等，线条简洁、自然、贴体流畅，尽显人体曲线的美感。这类毛衫的色彩多以流行色系为主，清新、自然，配色可时尚大方，富有个性。

（2）紧身运动类毛衫

多用轻薄柔软、弹性优良的纱线制作，既合身贴体，又能适应人体的多种活动要求，使人体美与造型美融为一体，使穿着者的身材显得更为苗条、修长。紧身运动休闲类的毛衫设计，色彩多为活泼鲜艳的运动感色彩，如黄色、橙色、蓝色、红色等，并配与黑色、白色等中性色。配色上一般更为醒目夸张，可加强色彩的分割形式和韵律感。

2.宽松型

宽松型造型一般由简单的直线、弧线组合成外轮廓线，服装围度配以较大的宽松度，使人体三围基本趋于一致，形成宽松的样式。这类廓形能较好地体现针织面料柔软、悬垂性好的优势。如用针织羊毛编织物、纬编双面提花织物等较厚重的面料制作的大衣、休闲装、运动装等，造型大方、洒脱。一般选用比较轻松、随意、自然、舒适的色彩，并灵活运用拼色、几何抽象纹样等装饰手法。采用轻薄柔软的针织面料制作的家居服等，常常采用花边、抽褶、绣花等装饰技巧，表现出温柔、优雅、轻松的情趣。色彩上也相对柔和，多采用浅色系和粉色系。

3.直身型

直身型是以垂直水平线组成的长方形设计，是针织服装传统的造型。在针织服装中，这种廓形占有相当的比例。这类造型的针织毛衫一般选用较为密集、延伸性较小的面料或组织结构，如棉毛衫、羊毛衫等。肩线是呈水平稍有倾斜的自然形，腰线可以是直线或稍呈曲线，线条简洁、明快，造型轮廓端庄大方，穿着合体自如、方便舒适。色彩相对宽松型要稳重、简洁，多为常规色系，配色上以块状分布，或局部有花式纹样装饰。

（二）根据针织毛衫廓形的风格进行色彩设计

1.文静端庄的风格

文静端庄的风格以H型居多，简洁合体、轮廓清晰，层次少、对比小、零部件少，排列极具匠心。线条连续、长且稳重，大多与身体直立时的垂直中心线相关联。外形特点为闭合式服装外形，让人先看到整体，平面综合型图案具有文雅、稳重、矜持的风格。在面料方面，可采用羊毛、马海毛等。在色彩方面，选用宁静的中性冷色或凝重的低深色调。

2.活泼可爱的风格

活泼可爱的风格以A型居多，造型夸张，对比强烈。线条长而挺拔，变化较大。外形特点为闭合式外形，洒脱轻快，能感受到青春的朝气与活力，充满运动感。面料的选择性比较大，可选用奇特、新颖、有光泽的面料。色彩方面可以选用暖色为基调，以亮度对比大的鲜亮色彩为主，配以少量的含灰色或无彩色。

3.简洁自然的风格

简洁自然的风格以Y型居多，轮廓清晰而多层次，多零部件。线条柔和、自然、流畅。外形特点为扩展式，具有简单、成熟和阳刚的风格。面料多采用柔软轻薄、光滑挺括的毛料。在色彩上要淡雅柔和、清丽爽洁、明亮轻快的组合。

4.雍容华贵的风格

雍容华贵的风格以X型居多，上下装比例变化较大，零部件复杂，边缘柔和、装饰较多，对比因素夸大，节奏感强、线条短而不连续，分割线曲折多变。外形特点多为扩展式外形，使人先注意局部，立体外形给人以繁复华贵、高尚不俗的印象。面料上反光材料居多，面料可采用清晰的暖色、浅色或冷色，与鲜艳色彩搭配组合。

总之，廓形不仅体现服装造型风格（图3-4-6），反映时代风貌以及服装流行趋势，而且还是服装设计诸多因素中表达人体美的主要因素。由此可知，轮廓线是服装造型的重要手段，对人体的装饰起着重要的作用。针织服装的色彩设计要综合考虑毛衫的廓形、服装风格特征、服装的潮流等多种因素，设计师只有选用合适的色彩来与毛衫的款式相得益彰，才能设计出更能赢得市场的毛衫。

文静端庄的风格　　　　活泼可爱的风格　　　　简洁自然的风格　　　　雍容华贵的风格

图3-4-6　不同针织服装风格的配色

四、针织服装的配色对设计的影响

形式美作为理论性的美学法则用在针织服装的配色中，强调的是色与色之间的关系性，即和谐为美的基本论点。但针织服装的配色是一个综合的命题，远不是背上几条形式美法则就能够操作的。针织服装的色彩美是通过色与色之间相互组合的关系体现的，当色与色的组合形成特定的色彩环境，便产生色彩间的相互关系，因而在考虑配色之前，先要对毛衫的整体风格有一个把握，才能做到有的放矢，取得预期的效果。

（一）色相配色

色相配色指用色相不同的颜色相配来取得变化的效果。从色相上来说，可有邻近色相配、类似色相配、对比色相配等；从数量上说，有二色相配、三色相配、多色相配等。配色时，必须以一种色彩作为主调，其他色彩作为辅助色使用。

邻近色相配是指在色相环上相距40°以内的颜色相配。由于颜色差别小，所以主调色彩很明确，容易取得调和。这种配色方法含蓄、微妙，但容易造成单调、缺少变化的感觉，并且假如色相相差太小，会使人感觉模糊不清，产生沉闷感。这时候就应当在纯度和明度上尽量拉大距离，以使整体的活跃气氛增强，如图3-4-7所示。

图3-4-7 采用邻近色相配的毛衫图案

类似色相配是指色相环上相距40°～70°之间的颜色相配。这个范围内的配色由于色相差适度，所以对比和调和的关系比较容易处理，因而使用较多。譬如绿和黄、绿和蓝、红和紫等都是类似色的色彩关系。使用这种方式配色时，应注意色彩的比例关系，辅助色太强会影响到主色调的表现，显得杂乱；辅助色太弱又会显得缺少变化，整体感觉软弱和缺乏生气。要调整好色相的关系有时候还要同时调整色彩的纯度和明度，才能取得最佳的视觉美感，如图3-4-8所示。

图3-4-8 采用类似色相配的毛衫图案

对比色相配是指色相环上相距70°～180°之间的颜色相配。这种配色对比强烈、活泼生动、色彩华丽、富有刺激性。但对比过分强烈会引起色彩之间的冲突，产生不安定、不和谐之感。因此，设计时常采用一些手法来降低对比性、增加调和性。譬如拉大比例差，使辅助色只作为点缀而存在；或者降低一方或者双方色彩的纯度；再或者加入第三色，一般以无彩色作为第三色来进行调和。好的对比色相配能产生非常丰富的视觉美感，但同时它对设计师的色彩把握能力的要求也就更高，见图3-4-9。

图3-4-9 采用对比色相配的毛衫图案

（二）明度配色

在配色中，侧重明度方面的变化，而弱化纯度和色相等因素是明度配色的基本原理。对整体气氛起决定作用的有调性，指高调、中调或低调；还有明度差，明度差大，趋向于对比的关系，明度差小，趋向于调和的关系。

图3-4-10　采用高调配色的毛衫图案

高调是指主色调采用高明度色。整体色浅而明亮，有轻松、优雅、明快、凉爽等倾向。辅助色与主色调明度差较小时，整体色显得比较温和柔弱，这时应在色相及纯度方面作一些相应的调整以增加变化；辅助色与主色调明度差较大时，一方面可对过亮的主色调做一些抑制，另一方面也可增加一些活泼的气氛。但应注意对比过大时会影响到整体的和谐，如图3-4-10所示。

图3-4-11　采用中调配色的毛衫图案

中调指以中明度色为主面积的配色，即用不太亮也不太暗的中明度色构成主调。由于主色调明度中等，所以即便是用高明度或低明度色作为配色也不会在明度上构成很强的对比。假如需要增加对比，就应该适当地在纯度和色相方面拉开距离。中明度配色适应范围很广，视明度差的大小和色彩纯度的高低而定，它既可能是活泼、兴奋、强烈的情调，也可能是含蓄、平静、凝重的情调。应当注意的是在色相和纯度相对一致的情况下，切忌明度上拉不开差距，否则会令人感觉沉闷和模糊，在视觉上引起不快，如图3-4-11所示。

低调是指以低明度色为主面积的配色，即用较黑、较暗的颜色构成主调。整体上有凝重、深沉、严肃、忧郁的风格。假如配色明度差较大，即用浅亮的色彩进行搭配，会使沉重感有所减轻，并能增加一些活跃的气氛，有时会使整体沉闷的色调突然有了生气。但应注意比例协调，以免破坏整体风格。明度差很低的时候，低调配色会显得调和有余，对比不足，这时同样应当在纯度和色相上进行调整。比如高纯度的暗色调服装就会有一种内蕴丰厚的感觉，如图3-4-12所示。

图3-4-12 采用低调配色的毛衫图案

（三）纯度配色

在毛衫配色中，注重以色彩的不同纯度来进行搭配，相对弱化色相和明度的相互关系，就是纯度配色。若大面积的运用高纯度配色，能使整个色调鲜明、华丽、生动、活泼；反之，大面积的运用低纯度色，会使整个色调变得朴素、沉静、含蓄而稳重。两者如果配置不好都会产生不好的视觉效果。前者配色不当，会产生动乱、生硬、刺激的效果；后者配色不当，则会产生灰暗、软弱、无力的效果。

色彩的纯度有高、中、低之分，不同的纯度差配色决定了整体效果的不同。一般有高纯度差配色、中纯度差配色、低纯度配色等。

高纯度差配色是指高纯色与低纯色的配置。这种配色方法应用非常宽泛，一般不会引起强烈刺激的对比或过分的调和，较容易取得和谐的配色效果。作为低纯色的极端就是无彩色的黑、白、灰。鲜艳的纯色与黑、白、灰的搭配在日常生活中常见。几乎任何一种纯色都可以和谐的与黑、白、灰配在一起，所以黑、白、灰又被称为万能色。这是高纯度差配色的典型例子。在使用这种方法时，还应结合明度的因素来考虑，比如低明度的纯色与黑或高明度的纯色与白都有可能会产生过弱的视觉效果，所以在设计时应对各种要素作综合调配，如图3-4-13所示。

图3-4-13 采用高纯度配色的毛衫图案

中纯度差配色一般有两种，即高纯色与中纯色相配或低纯色与中纯色相配。前者整体纯度偏高，同时如果色纯度相差大，则会加强对比的效果，应注意把握对比的度；后者整体纯度偏低，如果明度太接近，则会显得沉闷和缺乏力度，应注意拉开明度的距离，如图3-4-14所示。

图3-4-14 采用中纯度配色的毛衫图案

低纯度差配色指色彩间的纯度差别较小的配色，比如同为高纯色、同为中纯色或同为低纯色等。虽然都是低纯度差配色，但三种配色效果各不相同。同为高纯色时，效果刺激、鲜明而强烈；同为中纯色时，效果则温和、稳重；同为低纯色时，效果则含蓄、朴素、沉静。由于纯度差太小，拉不开纯度的距离，一般在使用这种配色方法时，都会考虑从色相上、明度上设置一些对比的要素，以期得到多样而统一的美学效果，如图3-4-15所示。

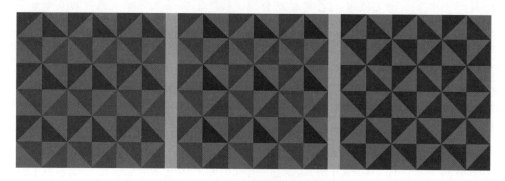

图3-4-15 采用低纯度配色的毛衫图案

第五节 ● 针织服装的装饰

随着社会的发展，人们的审美不断提高，对服装的要求也越来越高。为了满足不同的消费者需求，服装往往通过不同的装饰手法，来丰富其设计内容。针织服装根据其特性有着特有的装饰方法和手段，比如丰富的组织变化、变化多样的纱线、针织以外的装饰物等。毛衫的装饰从其空间造型来说，主要分为平面装饰、半立体装饰和立体装饰三种。平面装饰主要指的是在毛衫面料本身存在的一些花型或者图案，一般是由提供面料的制作厂商设计完成的，称为面料花型设计。半立体的装饰主要是指毛衫出现至今，仍然占据主要地位的各种组织设计，而今的组织设计早已超越了从前的单调，随着科学技术的发展，先进的机器设备、材料和工艺，使得各种组织都有其独特之处。立体装饰是服装设计界最为得宠的设计方法之一。这种装饰范围十分广泛，市场上常见的服装上各类的饰品，诸如毛皮、珍珠、水钻、金粉、蕾丝等都是立体装饰，这种装饰已经扩展到了服饰配件的领域，但却是毛衫立体装饰中最为自由发挥的一类，让毛衫风格百变。除此之外，毛衫造型中的各种褶皱、荷叶、流苏、抽缩等都属于立体装饰，但也可以归为造型上的装饰。

一、织物组织变化产生的装饰

针织毛衫织物的组织结构归纳起来可以分为三种，原组织、变化组织和花色组织。

原组织是所有的毛衣织物组织的基础，如单面的纬平组织、双面的罗纹组织和双反面组织。

变化组织是由两或两个以上的原组织复合而成的，是在一个原组织的相邻线圈纵行间，配置着另一个或几个原组织，以改变原来组织的结构和性能，如单面的变化纬平针组织、双面的双反面与罗纹交合的组织、棉毛组织等。原组织和变化组织又可称为基本组织。

花色组织是以上述组织为基础而派生出来的，它是通过线圈结构的改变，或者另外编入一些颜色以形成具有显著花色效果和不同物理机械性能的花色组织，如提花、纱罗、集圈、毛圈和长毛绒等。针织织物的外观，有正面和反面之分。线圈圈柱覆盖于线圈圈弧上的一面成为织物的正面。线圈圈弧覆盖于线圈圈柱的一面称为织物的反面。线圈圈柱或线圈圈弧集中分布在织物一面的，称为单面毛织物；而分布在织物两面的，称为双面羊织物。针织毛衫的许多设计花样都是在编织过程中通过对针织物组织结构的设计来完成的。

针织服装的组织结构千变万化，这些不同的组织经过不同的组合能形成不同的外观特征，所以组织变化所产生的装饰效果是毛衫所特有的。作为一个出色的针织服装设计师一定要对毛衫的基本组织结构了解，并根据不同的毛衫风格把握好虚与实、疏与密、露与透的关系。如果整件衣服都采用了纬平针、空花、集圈等单一的花色组织，就会显得单调乏味，反之如果在一件衣服上采用两种或两种以上的花色组织效果就会丰富得多，但也要注意尺度的把握，太多组织又会显得杂乱无章。

（一）平针类组织织物产生的装饰

1.单面平针织物

单面平针织物两面具有不同的外观，由于反面的弧线比正面的线柱对光线有较大的漫射作用，因而织物的反面较正面阴暗。相比之下单面平针织物的正面显得光洁、平整。这种组织是针织服装中最常见的组织，其特点是结构简单、轻薄、柔软，如图3-5-1所示。

图3-5-1 单面平针织的毛线大衣

利用单面针织物的结构并进行装饰的针织毛衣效果，最为常见的是在编织的过程中改变横条纱线的色彩，可以在针织毛衣上出现平行色条的效果，编织的行数可以控制横条的粗细，等粗的横条效果整齐统一，交叉地编织粗细变化的线条，则可以在服装上产生渐变、律动的效果。单面平针织物编织横条从正面看光洁，平整线条清晰。

2. 双面平针织物

双面平针织物表面光洁，织物性能与单面平针织物组织相同，但比单面平针织物组织厚实，线圈横向无卷边现象，有厚度感，这种织物主要用于外衣的下摆和袖口边、领边等。

（二）罗纹类组织织物产生的装饰

罗纹组织具有典型的凹凸条纹效应，其两面都有凹凸棱，凸棱是由正面线圈纵行形成，而凹棱则是由反面线圈纵行形成，罗纹类组织的种类很多，它通常可以通过不同的粗细不同的坑条来丰富视觉效果。简朴的1＋1罗纹，2＋2罗纹有贴体、修身的效果，可产生纵向凹凸条纹，形成自然的纵向分割线，有拉长身形的视觉效果。不同宽窄的罗纹组合，还能产生活泼跳动的节奏感。

（三）移圈类组织织物产生的装饰

移圈类织物由于线圈移位的方法不同，所产生的花色效果也不同，一般分为挑花和绞花两种。

1. 挑花织物

挑花织物是在纬编基本织物的基础上，根据花型要求，在不同针、不同方向进行线圈移位，构成具有孔眼的花型，因此，挑花织物又称起孔织物。挑花织物有单面与双面两种。

单面挑花组织织物的制作是利用手工或机械转移线圈而织成，由于线圈被移开，织完下一行的时候，移开的部分显现出孔洞的效果。单面挑花组织织物具有轻便、美观、大方、透气性好等特点。挑花工艺还可以形成特殊的漏针效果，就是挑走的针不补上，漏针处形成了长距离的连线效果。双面挑花组织织物比单面挑花组织织物的花型变化更丰富，也具有轻便、美观、大方、透气性好等特点。这种组织结构可以用来设计及其具有女性化特征的服装。在形成孔眼效应的织物中除挑花织物主要采用移圈为主的方法外，还有采用织针脱套、集圈以及扳花等手段来得到孔眼效应的织物，这种织物叫通化织物。

2. 绞花织物

绞花织物有1＋1、2＋2、3＋3等线圈移位方式，在织物表面形成如"麻花"形状的扭曲的纵行花形。绞花组织分为单面绞花和双面绞花。

绞花组织通过相邻线圈互相移位形成的肌理效果非常独特，移位的线圈数目越多、采用的纱线越粗，其效果越强烈。绞花织物有凹凸感的外观给人以厚实的感觉，利用移圈的斜向移动和互相交叉的基本针法可以组合编织成较大的花型，是一种十分常见的组织结构。适合做男女针织毛衣外套，有粗犷豪放，充满青春活力的美，如图3-5-2所示。另外在四平抽条织物上，还可以采用手工结扎，即轧花的方法来模拟绞花移圈的效果。

图3-5-2 粗针纱线最适宜采用绞花,立体效果更明显

（四）波纹类组织织物产生的装饰

波纹类组织织物是通过反复左右方向移动后机床的位置,来得到纵向线条的类似波纹状的凹凸曲折的图案。折线的长度由织物的行数决定,而方向由下机床的移动方向决定。采用的基本组织不同则可以改变织物的具体外貌。波纹类组织织物具有一定的厚度,变化丰富,常用于针织毛衣领口、袖口的装饰或也可作为全身的编织图样。

（五）提花类组织织物产生的装饰

提花组织根据组织结构,可分为单面提花和双面提花两大类。提花组织形成的各种花型,具有逼真、别致、美观大方、织物条理清晰等优点。

一般来说,一件毛衫都会用到两种以上的花色组织。所以在同一件毛衫上合理的运用不同的组织可以丰富服装的外观效果,装饰性能强,如图3-5-3所示。

（六）色彩和图案产生的装饰

在针织服装的设计中,丰富的色彩和美丽的图案是设计师取之不尽的灵感来源,也是非常讨巧且具有鲜明视觉冲击力的设计手法,有很强的装饰性。以下介绍几种极具代表性的装饰手法。

1.条纹

在针织服装中,条纹可以是抽象的纵条或横条,也可以用具象事物来表现,像旗帜、腰带、十字形或字母,虽然都是条纹,但却变化丰富,可赋予时装不同的形象和生命。条

图3-5-3　提花图案在女装毛衣中是重要的装饰手法之一

图3-5-4　人字纹能传达很好的旋律感和节奏感

纹是服装重要造型元素——线的体现，包括横向条纹、纵向条纹、波浪形条纹、锯齿形条纹等，条纹的方向性、运动性以及特有的变化性，使其具有丰富的表现力，既能表现动感，又能表现静态，还能传达很好的旋律感和节奏感，而时间感和空间感则是通过条纹的延续性来完成的，如图3-5-4所示。在条纹衫中以黑白条纹最为经典。因此，设计师在设计条纹时应花大量时间去考虑条纹结构，以及组成条纹的色彩的量感与色相的组合，使之看起来有韵味。

2.菱形格

菱形格也是针织毛衫常用的设计元素。英伦风格的菱形格注重几何造型的处理，在T台上是夺人眼球的视觉创意法宝，是永不褪色的经典。在设计菱形格时，要注重针织服装的底色、菱形格及斜十字线的颜色三者之间的空间用色关系的处理，使其产生错落有致的层次感和张扬的力度。

3.欧普艺术

"OP"是"Optical"的缩写形式，译为欧普艺术，意思是视觉上的光学。欧普艺术所指代的是利用人类视觉上的错视所绘制而成的绘画艺术。因此欧普艺术又被称作视觉效应艺术或者光效应艺术。其特点是利用几何形和色彩对比，造成各种形与色彩的变化，给人以视觉错乱的印象。黑白构图为其典型。最神奇的是，欧普印花图案所产生的视觉错觉只要运用得当，就可以成功达到修饰、塑造凸凹有致身材的目的。它主要可以分为黑白和彩色（线条与色块的组合、各种几何形的组合等）两大类，有许多设计师把它作为设计的灵感来源。如三宅一生（Issey Miyake）运用面料的褶皱来表现不同的光影效果，Missoni善于运用欧普艺术的不同色彩来表现服装，Armani选用经典的黑白欧普艺术图案通过不同的几何形来体现女性魅力。

二、辅料与配饰搭配产生的装饰

（一）添加装饰物产生的装饰

在针织服装上添加的装饰物主要分为两大类：一种是以实用为主的装饰物，如拉链、纽扣、别针等；另一种是单纯以装饰为主要目的，如单独的钩花装饰、各种配套的围巾手套等。拉链、纽扣、别针这些服装辅料一般都以实用性为前提，起到固定和连接的作用，但同时它们也是很好的装饰手法。

1.纽扣

纽扣在针织服装设计中，既有实用性，又有装饰性。在造型中能起到点缀、平衡和对称的作用，还可以使人们的视线集中。一件平淡无奇的服装，只要配上几颗新颖别致的纽扣，就立刻能生色增辉，如图3-5-5所示。

2.搭扣、拉链

搭扣、拉链与纽扣一样以功能性为前提，同时也是很好的装饰物。比如在一件素色的针织服装上加上一条装饰拉链，不仅能起到连接衣片的作用，还能对服装的着装效果画龙点睛。当拉链作为分割线时，给人以活泼、富有动感的感觉。并且装拉链的服装具有简洁、方便、随意的特点，如图3-5-6所示。

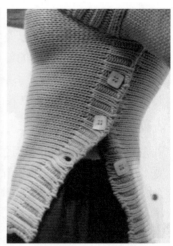

图3-5-5　不同材质的纽扣，功能与装饰相结合

图3-5-6　搭扣、拉链在毛衫的不同部位起到的装饰效果

3.毛线绒球

毛线绒球是针织服装特有的装饰物，如图3-5-7所示。

图3-5-7　毛线球在毛衫的不同部位起到的装饰效果

4. 各种与毛衫配套的围巾手套

围巾和手套除了保暖防寒，还有很重要的装饰作用。

（二）后加工产生的装饰

毛衫成形以后会根据其风格特征有针对性的再进行装饰加工，最终达到设计师的要求，这种后加工产生的装饰范围比较广，方法和手段也比较丰富。

1. 刺绣

刺绣是在梭织物、编织物上用针和线进行绣、贴、剪、镶、嵌等装饰的一类技术总称。根据所用材质和工艺的不同，刺绣又分为彩绣、白绣、黑绣、金丝绣、暗花绣、网眼布绣、镂空绣、抽纱绣、褶饰绣、饰片绣、绳饰绣、饰带绣、镜饰绣、网绣、六角网眼绣、贴布绣、拼花绣等。不同地区与民族都有代表性的刺绣工艺，如欧洲的法国刺绣、英国刺绣、匈牙利刺绣、瑞典刺绣；亚洲的中国刺绣、日本刺绣、克什米尔刺绣等。每一种刺绣都以其鲜明的民族特色著称于世。针织服装上可运用到的刺绣方法有很多种，十字绣、辫子绣、平绣、缠绣、缭绣、打子绣、米字绣、套环绣等等。刺绣是针织服装中常用的一种后加工的装饰手法，主要表现为与衣身同料同色、同料异色、异料异色的平面刺绣，与梭织面料相结合的贴布绣，有填充物的立体刺绣，运用服装面料以外的珠子、鳞片、绿松石等有特色的刺绣。

2. 贴花

贴花是常与机绣组合的一种装饰方法。主要有两种形式，一种是平面的，另一种是立体的。贴花既可用于圆机产品，又可用于横机产品上。其多数被用于童装的装饰，也有少量用于女装上，近年来有些羊绒衫在设计时为了防止肘部提前磨损，会在肘部加上一块羊绒梭织的面料，既美观又实用。贴花时按照各种花型的形态、颜色或者某种抽象的图案，采用圆机编织物或横机编织物进行不同面积的分块贴布，组合成各种各样的图案。然后用机绣针迹或者手绣在贴花的交接处和图案周围进行锁边，并加以细小的装饰，如花梗、花蕊，等加以点缀。贴花的方法，可按照设计图的需要进行，有的可采用同种的织物组织贴花，有的则可采用不同组织结构的平绒、丝绒、丝绸、皮革、人造革等，以产生别具一格的贴花效果。另外，还可在贴花花型的附近以手绣或机绣来给予装饰，以达到更好的花型效果。贴花的特点为远观效果好，色彩鲜明，立体感强，花型变化丰富，如图3-5-8所示。

3. 抽带和系带

抽带和系带在针织服装中的运用大多是实用功能与装饰功能为一体的，常常能通过一条小小的带子营造出意想不到的效果，这就是绳带的神奇所在，如图3-5-9所示。

抽带和系带用做装饰在女式毛衫上，其风格是极具女性化的。用做抽带、系带的材质多数是缎带，缎带不但色彩繁多，而且有许多种宽度的选择，还可以把缎带折叠或收缩，抽碎褶固定制成花蕊状，使得绣出来的图案栩栩如生，立体感很强。有的设计将缎带和起孔织物相结合，将缎带穿入织好的衣片上预留的针孔中，形成了一节一节缎带穿插其中的外观。还有的设计将缎带分段编入针织毛衫中，留出两头的部分在外，形成穗状的外观，别有新意。

图3-5-8　贴花所产生的装饰

图3-5-9　丝带所产生的装饰

4. 绳饰

在针织毛衫的设计中有相当一部分的设计是利用绳子作为装饰物。绳子的材料多种多样，有直接利用毛线编结出来的绳子，有皮革制作出来的绳子，有各种各样的机织装饰绳，手工做的绳子有编织绳、打结绳以及用布料制作的绳子。在针织毛衫上作为装饰物的绳子通常具有一定的弹性，最常见的用绳子装饰针织毛衫的设计是用线将绳子固定在毛衣的表面，叫做绳绣。利用绳子的弯曲、反转做出各种图案并将其固定在毛衫的表面，常用在衣服的滚边和镶边的装饰上。绳绣在针织服装上的固定方法有在绳子下面进行固定和垂直固定等。在有连帽设计的针织服装上，绳子具有收缩帽檐的功能和起到装饰的作用。有时在针织毛衫的下摆等处直接利用本色的毛线编织出细绳，或是皮革裁制成细条状，加以缝合后制作出穗的效果。有的针织毛衫设计是利用绳子对服装进行抽缩而产生褶的装饰效果，或者利用绳子在服装上的相互串联的形态作为装饰。

5. 流苏

流苏在民族风情的毛衫上运用得较多。细细长长的流苏在裙边、袖口、衣角、腰带上运用得特别抢眼。长长的流苏可以把一件普通的毛衫点缀得浪漫动人。

6. 蕾丝

蕾丝俗称花边，是以编、结、缠、绣等手法做成的透空织物，可分为手工蕾丝和机织蕾丝两类。蕾丝以其优美精致、纤细透明的特点，而被广泛地运用在各种服装上。很多服装品牌对蕾丝的运用都达到了出神入化的地步，如我国女装品牌淑女屋，通过在服装不同部位添加不同造型的蕾丝，很好地突出了女性的柔美和娇媚，深受女性消费者的青睐。蕾丝的种类很多，其装饰方法可分为局部的贴覆或镂空、整体的裁剪组合和镶边装饰三种。局部的点缀除了要突出重点之外，还要与面料的色彩、图案、肌理形成对比，使整体造型新颖别致。大面积、整体地运用蕾丝最能体现含蓄、朦胧之美。但应把握好基布与蕾丝特性的裁剪组合，从而赋予服装以"透"而不"明"的效果。近几年来，蕾丝在针织服装上也被大量采用，在袖口、领口、裙边等处都有蕾丝轻柔地装饰。

7. 动物毛皮

动物毛皮具有很强的装饰性和保暖性。毛皮从来都以其优雅、高贵的品质被运用在各类高级时装的设计中。服装上使用的毛皮多种多样，设计师一般按皮毛的长短和特性的不同，在相应的服装款式中加以运用。既可以对皮毛的颜色进行与设计协调的染色加工，又可以直接使用自然色；既可以在领部、袖口进行可脱卸的装饰运用，又可在衣身进行分割镶拼。随着人们生活水平的提高，毛皮服装的舒适性、保暖性和装饰性以其无穷的魅力作为冬季针织时装的装饰材料而受到消费者和设计师的青睐。

8. 成衣染色

可以先织成一定款式的白坯服装，然后根据流行色的变化来进行成衣染色，可以真正做到多品种，少批量。在成衣染色中，不但可以染出一种色彩，还可以根据需要来调制色彩的深浅和浓度，分层染色，可以使服装的色彩产生渐变的效果，过渡色自然柔和。还可以结合扎染的工艺，对较薄的毛衫进行先扎后染，其效果和扎染相似，可以用来设计比较个性化的服装。

9.印花

印花针织毛衫的花型变化多、新颖别致、手感柔软，具有提花毛衣难以达到的优越性。针织毛衫的印花主要采用筛网印花，在筛网印花中，又以手工刮板印花为主。其印花的花纹变化多，花型大小不受限制，其既可将图案印制在衣服的特殊位置，又可印制身袖接缝吻合无间的连续花纹，可得到瑰丽、鲜艳、新颖、别致的花型效果。

10.手绘图案

针织服装上的手绘图案是毛衫图案装饰中崛起的新秀，手绘图案是具有丰富表现力的独特工艺，可以不受印花的套色限制，也不受毛衫款式的限制，它以精湛的手绘艺术与服装款式结构巧妙结合。手绘图案有多种风格和表现的手法，有的采用国画中的泼墨写意或工笔的画法，有的采用装饰画或油画的技巧。手绘图案通常用于织物纱线能相结合的颜料绘制，绘制时应掌握颜料的干湿度，手绘图案一般需待其自然干燥或烘干后，再用熨斗烫几分钟，使颜料牢固结合在针织毛衫上，使其既不会褪色也不会脱落。手绘毛衫的艺术效果很好，主要用于中高档的针织毛衫设计中。

第六节 ● 针织服装的工艺

一、针织服装工艺设计原则

针织服装的编织工艺设计，是整个服装设计的重要环节，编织工艺的正确与否，直接影响针织服装的款式和规格，并与产品的用毛率、劳动生产率、成本和销售有很大的关系。

毛衫的编织工艺设计要根据产品的款式、规格尺寸、编织机械、织物组织、密度、回缩率、成衣染整手段及成品重量要求等诸多因素综合考虑，制订合理的操作工艺和生产流程，以提高毛衫产品的质量与产量。毛衫编织工艺设计的原则有以下几种。

1.按照经济价值划分考虑高、中、低档产品的设计

羊绒衫、驼毛衫、兔毛衫、（纯）羊毛衫等产品的经济价值较高，在编织和缝纫方面的工艺均需考虑精细、讲究，设计要精心。腈纶等化纤衫一般属低档产品，在做工上可以简化，在款式上则可多变。

2.节约原料

整个工艺设计过程中，要精心计算、精心排料，减少原材料、辅料的损耗，降低生产成本。

3.结合实际生产情况制订优化的工艺路线

在制订工艺路线时，必须结合生产的具体情况，根据生产的原料、设备条件、操作水平以及前、后道工序的衔接等因素，制订最短、最合理的工艺路线。

4.提高劳动生产率

编织工艺的设计，必须在确保产品质量的前提下，有利于挡车工的操作，缩短停台时

间，减少织疵，以提高劳动生产效率。

5.严格执行中试制度

为保证产品的质量，提高工艺的合理性、经济性和正确性，应在设计、试样以后，经小批生产核实工艺，方可批量生产。

综上所述，在进行羊毛衫产品编织工艺设计时，既要保证产品质量，又要考虑节约用料，方便操作，提高生产效率，进而提高羊毛衫产品的经济效益。

二、横机编织毛衫的工艺设计

（一）机号与纱线线密度的选定

根据毛衫的组织及原料、纱线的线密度，合理选用编织机器的机号，不仅对织物的弹性、尺寸稳定性和抗起毛、起球等服用性能有极大的关系，而且对提高产品质量有着重大的意义。

目前，横机可分为细机号（机号在8针或以上）和粗机号（机号在8针以下）两种，常用机号有4、6、9、11针等。机号和纱线线密度、织物组织有密切的关系，机号越高，针距越小，可加工的纱线越细，织物密度也越紧密。在编织纬平针织物和罗纹编织物时，适宜于某种机号的纱线线密度，可按下式求得：

$$Tt = \frac{K}{G^2}$$

式中　Tt——毛纱线密度（tex）；

　　　G——机号（针/25.4mm）；

　　　K——适宜加工毛纱线密度的常数，一般取 7000 ～ 11000 之间，其中腈纶膨体纱的
　　　　　K 值为8000，毛纱的 K 值为9000时最为合适。

（二）密度的确定与回缩

纱线线密度一定时，毛衫产品的稀密程度可用密度来表示，沿线圈横列方向10cm长度内的线圈纵行数称为横密。沿线圈纵行方向，10cm范围内的横列数称为纵密。毛衫产品的密度又分为下机密度（又称毛密度）和成品密度（又称净密度）两种。

成品密度是产品经过松弛收缩后达到的稳定状态，是工艺计算的基础之一，应根据选用的纱线线密度、机号、产品的重量、织物的风格及服用性能等确定最佳密度。合理的密度对比系数不仅可以改善织物的外观，使织物纹路清晰，而且可使织物尺寸稳定性提高。

毛衫衣片下机后，要进行回缩，影响编织物回缩率的因素较多，如原料性质及加工方法、织物组织、加工过程张力、染色后整理等。正确选择织物的回缩率，对确保产品的规格和重量尤为重要。

（三）毛衫工艺计算

毛衫编织工艺计算是毛衫产品设计中必须熟练掌握的重要内容。毛衫工艺的计算，是

以成品密度为基础，根据各部位的规格、尺寸决定所需的针数与转数，同时，考虑在缝制过程中的损耗。

三、工艺流程

毛衫生产采用的针织机主要是横机和圆机，毛衫的生产工艺流程有以下三种。

（一）通常的毛衫设计工艺流程

通常的毛衫设计工艺流程如下：

设计——定稿（定原料、组织、机型）——络纱——织小样——定密度——编织计算（编织图）——编织——衣片（罗纹）——翻针——衣身——收放针——下机——袖片——裁剪——锁边——缝合——缩绒——水洗——特殊装饰——纽扣——整理——成衣。

（二）横机产品生产工艺流程

横机产品生产工艺流程如下：

全成形衣片

原料进厂→原料检验→准备工序（络纱）→横机织造→检验→成衣（手工、机械缝合）→染整（成衫染色、拉绒、缩绒、特种整理等）→修饰工序（绣花、贴花等）→检验→熨烫定形→成品检验，分等→包装→入库→销售→反馈信息。

（三）圆机产品生产工艺流程

圆机产品生产工艺流程如下：

原料进厂→原料检验→准备工序（络纱）→圆机织造（圆筒坯布）→坯布检验→坯布染色整理、定形→成衣（裁剪、手工与机械缝合）→修饰工序（绣花、贴花等）→检验→熨烫定形→成品检验、分等→包装→入库→销售→反馈信息。

四、毛衫的成衣工艺

成衣工艺是毛衫工艺设计中的重要组成部分之一。成衣工艺与服装的款式、品质要求、服用性能以及成本等有着密切的关系。

（一）毛衫的成衣染色

一般的毛衫产品均用色纱成衫，而成衣染色是先成衣后染色，因此成衣染色产品有其独特的风格。成衣染色特点有以下几点。

1.色泽鲜艳

成衣染色可减少编织及成衣过程中所产生的色花、色差、色档和油污、杂质等各种疵点。同时，毛衫在染缸的热流中运动，毛纤维受到沸液的扩张和拉伸，能顺利地吸收染料分子，可提高毛衫色泽的鲜艳度。

2.绒面丰满、手感柔软

未经染色的羊毛，其纤维的鳞片未受损伤，纤维的弹性好，因此成衣染色产品的缩绒效果比色纱产品好，手感柔软，绒面丰满。

3.生产管理方便

由于织片均用本白毛纱，可增加白纱储备量，便于随时翻改品种和调整批量大小，而不必配染色纱线。

（二）毛衫的成衣印花

毛衫的成衣印花是指在毛衫上直接印染色彩图案的特殊整理工艺。印花毛衫具有色泽鲜艳、图案逼真、灵活且手感柔软的特点，可以根据设计构思进行局部印花或全身印花。

传统的网印工艺在印花后需要烘干、汽蒸才能达到固色要求，因而色泽鲜艳度会受到一定影响。如果操作不当还会造成毛衫变黄发焦。近年来发展的常温印花，工艺简单、色泽鲜艳、手感柔软、节约能源、投产快。

（三）毛衫的成衣后整理

随着国内外市场对毛衫品种和外观质量的要求愈来愈趋向于高档化、时装化和多样化，除了优化工艺设计外，重视毛衫的后整理工艺，只有新的后整理工艺才能适应新原料的应用以及消费者越来越高的穿着要求。常用的后整理有缩绒、拉毛、防起球、防缩、浮雕印花、蒸烫定形等。

1.成衣的缩绒工艺

（1）缩绒

缩绒（毛）是毛衫后整理工艺的一项重要内容，主要应用于羊绒、驼毛、羊仔毛等粗纺类毛衫，精纺类毛衫以及某些精纺化纤产品也可以用洗涤方式将其"轻缩绒"处理。

毛衫（或毛针织坯布）在一定湿热条件下，浸在中性皂液中，经过机械外力（摩擦力）的搓揉作用，使织物表面露出一层均匀的绒毛，并取得外观丰满、手感柔软，保暖而富有弹性的效果。这个加工工艺过程称缩绒（毛）整理。

对毛衫进行缩绒处理的要求比较高，缩绒工艺合理，处理得好，毛衫在表面产生绒茸，给人以美观、柔和的感觉；反之，则会出现两种情况，一种是缩绒不充分，毛衫达不到丰满、柔软的目的，另一种是缩绒过度，毛衫产生毡缩，直到毡并。毡并是不可逆的，毡并后，经、纬向显著收缩，织物变厚、弹性消失、手感发硬、板结，毛衫品质完全被破坏。

（2）拉毛

拉毛又称拉绒，是用机械外力将针织物表面的纤维拉出，产生一层绒毛外观，可使织物手感柔软、外观丰满、厚实、保暖性增强。

拉毛可在织物正面或反面进行。拉毛与缩绒的区别在于：前者只在织物表面起毛，而后者则是在织物两面和内部都起绒；前者对织物的组织有损伤，而后者不损伤织物的组织。拉毛工艺既可以用在纯毛毛衫上，也可以用在混纺与腈纶等材质的毛衫上。

目前，拉毛多用在不具有缩绒特性的腈纶产品（衫、裤、裙、围巾、帽子等）上，以此来扩大其花色品种。坯布一般采用钢针拉绒机进行拉绒，其与针织内衣绒布拉绒基本相同。横机生产的毛衫产品一般进行整衫拉绒，为了不使纤维损伤过多和简化工艺流程，通常不采用钢针拉毛机，而以刺果拉毛机来作干态拉毛。

2.针织成衣的特种整理

毛衫的特种整理是新型的后整理工艺，主要是为了适应新原料以及消费者的穿着和洗涤要求而产生的。目前有防起球、防缩、防蛀、防霉、防污、阻燃等特种整理手段，主要用于提高外观质量的防起球整理和适应家庭洗衣机发展的防缩整理。

3.针织成衣的蒸烫定形

毛衫后整理的最后一道工序就是蒸烫定形，蒸烫定形的目的是为了使羊毛衫能具有持久、稳定的标准规格，表面平整，使织物既柔软又富有弹性还有一定的身骨，富有光泽感。

毛衫的蒸烫定形，主要是在一定的热、湿条件下，纤维分子的结构发生改变，冷却后在新的位置固定下来。同时，在热、湿条件下，毛纱的内应力消除，形成了松弛收缩，在这时加以适当的压力（张力），使角朊大分子中的氢键断裂、伸长，在新的位置上牢固结合。因此，加热、给湿、加压、冷却就成了羊毛衫蒸烫定形工艺制作时的四个必要条件。

第四章　针织服装分类设计

第一节 ● 针织服装造型

一、针织服装造型变化

　　针织服装造型的变化包括整体廓型的变化、整体结构变化和局部结构变化。外轮廓线又称为针织服装的基础造型线，包括A、H、O、V、X线型。各种基础造型线相互变化，紧密结合。H线型的底摆打开就是A线型；H线型的腰部收束则变成了X线型；将X、V、H线型的腰围、臀围加大就变成了O线型等。

　　针织服装结构的变化含整体结构变化和局部结构变化。整体结构的变化也是基础造型的变化，以A、H、O、V、X这几种基础造型线为核心，可变化出千姿百态的造型来，如图4-1-1所示。

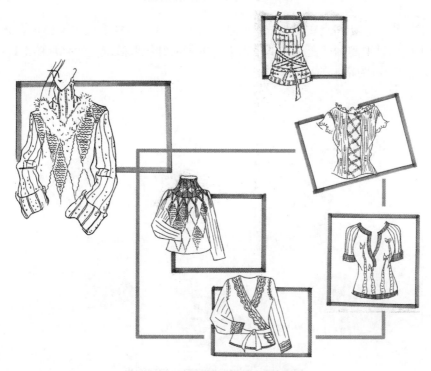

图4-1-1　千姿百态的针织服装造型

　　局部结构的变化有多种形式，包括同廓型相同局部的变化，如两件都是 A 型的服装，一件为立领，一件为无领；同廓型不同局部的变化，如同是 X 廓型的服装，一件以衣领为设计的重点，另一件以衣袖为设计重点，这样针织服装的风格也就会截然不同。不同廓型的局部变化，如各个局部在不同廓型里的侧重点都不相同，从而设计出款式各异的针织服装来，如图 4-1-2 所示。

图 4-1-2　毛衫的局部重点设计

　　针织服装设计，特别是实用类的针织服装设计，其造型的变化主要体现在领型和袖型上，各种不同的领型和袖型变化可以带来丰富多彩的针织服装造型变化。图 4-1-3 为常见的领型变化，图 4-1-4 为常见的袖型变化。

图 4-1-3　针织服装常见的领型变化

图4-1-4　针织服装常见的袖型变化

二、针织服装结构及装饰处理

装饰变化一般反映在领子、袖、袋、肩、门襟、腰部、底摆和一些非结构线的部位，同一装饰可用在不同部位以表现不同的美感，如图4-1-5所示。

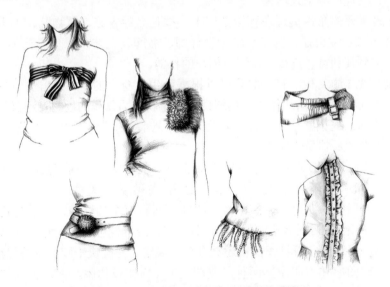

图4-1-5　针织服装不同部位的装饰变化

领子的装饰变化会给整件针织服装带来生机，常见的有抽细褶、镶拼、刺绣、钉纽扣或珠片等不同处理方法。袖子的装饰变化在针织服装上表现更为丰富，如灯笼袖、宝塔袖、钟形袖、蝙蝠袖等。肩部的处理有连袖、装袖、插肩袖、落肩袖以及具有男子气概的肩育克、肩袢的处理手法。

第二节 ● 针织T恤

一、针织T恤来源与特点

T恤原来是美国海军所用的内衣，海军退役之后也将穿着T恤内衣的习惯带回家中。因此，在20世纪20到30年代，T恤不再是军中的专利，普通大众也将T恤用来当内衣穿着；一直到20世纪50年代，有一次演员马龙白兰度因为在《欲望号街车》的拍摄中，穿了T恤去彩排，被导演认为对了型，T恤才跃进了大银幕，T恤的新穿法于是出现，成为展现男性体魄、代表叛逆形象和酷的新造型；之后经詹姆士狄恩在《无理由反叛》中的造型演绎，更进一步将T恤——内衣外穿的酷劲加以发扬光大。

然而真正将T恤普及或许得归功于20世纪60年代印染技术的发展，人们开始在上面加印图案文字等，自此T恤成为活动的宣言、广告，也成为纪念品、创意的媒体，甚至收藏品。撒切尔夫人就曾经说："你无法从一个人的长相得悉他的政治立场，但是他所穿的T恤却会透露端倪。"至此，原本平淡无奇的T恤已经不再是一件汗衫或一件衣服；它已经由最简单最基本的一件商品，一跃成为促销、宣传甚至创作的利器。

在穿着上，T恤也建立自己独立的定位，成为夏天最佳的选择，是休闲类的首要服饰选择。电视影集《迈阿密风云》男主角唐琼森将T恤搭配宽松的意大利式西装，更是解放了男性西装领带的穿着模式，而成为时髦的新风尚，T恤已经在不知不觉中成为日常穿着上简易、不可或缺的要件，它不但是假日休闲的重要单品，也可搭配外套、皮衣、背心等，走进办公室和社交场所等正式场合。

而今T恤最重要的角色莫过在行销推广上，举凡名胜古迹、博物院、美术馆以至表演团体、竞选宣传或各项公益、慈善活动到设计师、名牌甚至艺术工作者莫不利用T恤这个便捷的载体，达到其利益、宣传、认同或创作的目的。

现在随处可见T恤文化，有时的确可以根据陌生人身上的T恤读出些信息，事实上这也正是波普艺术（POPART）运用生活周遭熟悉的事物作为创作的题材，而又将艺术创作融入生活的最佳诠释。这也就是为什么许多设计师、艺术家乐于在T恤上"做文章"，因为这实在是普及其理念的最佳最快捷的方式。

除此之外，T恤更可以运用文字图案发挥个性化的趣味、传递讯息、透露情绪、展现幽默等效果，可以在无形中拉近人与人之间的距离，润滑人际关系。

T恤大多是采用针织面料制作的。常用的针织面料有全棉针织布、棉与化纤交织针织布、丝织针织布和化纤混纺针织布等。具有手感好、透气性强、弹性佳、吸湿性强、穿着舒适、轻便等优点。而且化纤针织面料还具有尺寸稳定、易洗快干和免烫等优点。

T恤可分为印图案和不印图案两种，印图案的T恤比较休闲，在不正式的场合穿着较多，偏于轻松活泼、风格多样、个性强烈；不印图案的T恤比较正式，中年人穿着较多，其款式、色彩变化都不大，偏于稳重、保守、成熟。

二、针织T恤造型变化

T恤造型的变化是指整体廓型的变化，变化相对较少，大致分为宽松型和紧身型。

　　T恤结构的变化包括整体结构变化和局部结构变化。整体结构的变化一般不大，以宽松型和紧身型这两种基础造型为主。局部结构的变化有多种形式，包括领子的变化、袖子的变化、下摆的变化等，如图4-2-1所示。

图4-2-1　T恤的局部结构变化

三、装饰处理

　　装饰变化一般反映在领子、袖、袋、肩、门襟、腰部、底摆和一些非结构线的部位，同一装饰可用在不同部位表现不同的美感。领子的装饰变化会给整件服装带来生机，常见的有提花、压花、镶拼、刺绣、钉纽扣、装拉链等不同处理方法。袖子的装饰变化表现为无袖、短袖、中袖、长袖等。肩部的处理有装袖、加肩襻、抽褶、装流苏等处理手法。在女T恤上腰部细褶及松紧带和腰节的处理，更能强调女性曲线美。男T恤的装饰一般不多，只在领型、色彩、面料方面有些变化。

　　一般来说，T恤的变化主要表现在其图案的变化上，不同的图案能赋予T恤不同的风格。T恤的图案变化丰富多彩，由于当今印刷技术的迅速发展，几乎任何图案都可以印在T恤上，从文字到图画、从卡通到真实人物、从单色到彩色，都可以在T恤上实现。现在还流行手绘、荧光、变色等各种表现形式。

第三节 ● 针织运动休闲服

　　针织运动服是指竞技类专业运动服及休闲类运动服。

一、针织运动服的特点与分类

　　色彩和造型同为运动服款式设计的两个支撑点，而面料的选择尤为重要，由于运动服是功能性的服装，所以运动服的设计须考虑人体工学、运动项目，并符合运动规律。

早期由棉布、麻布等制成的运动服装有很大不足，比如重量大、与身体摩擦大、缺乏足够的柔韧性，在运动中常影响运动员创造出好的成绩。为了寻求更轻巧、坚韧、柔韧等更好性能的材料，不久人们研制出了锦纶、涤纶等高分子聚合物。与传统织物相比，锦纶织物在减轻重量方面有极大的优越性，而以锦纶密织成的外套，加上涤纶绒的衬里具有更好的保暖效果。于是运动服装开始使用这些化学纤维替代天然纤维，并逐渐成为主流。早期的锦纶服装尚有缺陷，如透气性差，不耐磨，较易拉裂变形等。研究人员一面对锦纶进行改良，一面研制性能更好的材料，发展至今，已有不可胜数的人工合成物诞生。在运动服装这个领域里，目前应用的高科技织物大致有以下几种：聚酰胺尼龙织物、Perfor mancl fabrics（功能性纤维）、Tnermolite buse 纤维、聚四氟乙烯防水透湿层压织物、Coolmax 纤维、硅酮树脂、莱卡、杜邦 Sorona。

从以上纤维的发展变化，可以看出纤维的不断前进势必使针织面料的性能有不断的提高。然而对面料而言，也绝不仅仅是由一种纤维决定。专业运动装考虑到专项运动所具有的特点，整体的面料由多种纤维混织而成，这就必须考虑纤维种类，其中包括各类纤维的比例、层数、密度等。在局部的处理上也很严格，如出汗多的部位多加排汗的纤维，关节处加柔韧弹力纤维，受力处加强力等。其实由于运动员个体的不同，最好的运动服装是量身定做的，确非一般人所能想象。

运动服装材料中采用新科技并不能代表全部，开发新的天然材料，或使原有材料的性能提高，也是一个面料研究开发的重点。现在生活中的休闲运动服大都是纯棉制品，而在吸湿性方面有了很大的改善，人们也更喜欢这类由天然纤维织成的衣物，而天然材料的开发也将会带来许多新的东西。

专业运动服与休闲运动服是有所不同的。专业运动服是参加各种竞技类运动时穿的服装，其目的是为让运动员在运动中不受衣服的束缚，尽可能地提高运动成绩，在设计上偏重不同项目有不同设计，例如"鲨鱼皮泳衣""快速皮肤"之类的运动服，它们的主体便是由硅酮树脂膜构成。休闲运动服是普通消费者把运动服作为便装来看待，把运动服装的宽松、穿着方便、不碍活动视为不碍工作、生活，有比较"随便"的特点，包括一般日常休闲运动服和户外运动服等，在设计上偏重舒适、时尚。比如一些著名的运动服装公司一改大红大绿、多彩设计的思路，开发出了许多更贴近个人生活、工作环境，也近似于便装的运动服。可以看出他们以这种特质吸引了更多不同年龄层次的非运动消费者。

运动服要既吸汗又排汗，现在好的运动服装已不仅仅能吸汗，更重要的是能快速排汗。爱好体育运动的人常常受到汗水的烦扰。过去的运动服多采用棉质，利于吸汗。但是被汗水湿透的衣服贴在身上反而增加重量，妨碍运动，还要借助体温使汗水蒸发，增加运动者的负担。现在的优质运动服采用了特殊织法，具有加速排汗功能。这种运动服能先将汗水吸附，然后传递到排水层，以保持与身体接触的内层干爽，汗水快速风干，以免衣服对肢体产生牵拉。

例如网球运动服装多采用聚酯纤维与棉混纺的面料，有利于肢体的伸展、排汗，最好还要能防紫外线。尺寸上也讲究宽松，上衣的腋下是宽松型的特殊剪裁，运动时有更好的移动空间。短裤的内衬也采用轻薄的超细纤维以及快速排汗功能的面料。腰部采用松紧带外加抽绳系带，以防止运动中滑脱。

跑步运动服的设计，除了讲究面料轻盈、排汗快，还多采用连肩袖的剪裁方式，把肩线前移，接片较少，或是背心式，可以减少手臂摆动时造成的衣服与身体的摩擦，增加舒适性。

鉴于越来越多的人喜欢户外活动，例如露营、远足、滑雪和登山等，因此供应商及制造商争相研究各种不同方法，为户外活动服装解决保暖和防湿的问题。过去10年，多种崭新纤维、混纺纤维、涂层和胶合层压相继出现，大大提升了服装的保暖和防水功能。目前，这些创新服装有不少更渗透到了大众化市场。

二、针织运动服的造型变化

运动服装的造型变化因用途不同而不同，比如一些讲求速度的运动，如短跑、游泳等，运动服的设计要求贴身、尽可能减小与空气的摩擦阻力；而像篮球、足球等运动，比赛时间较长，运动服的设计要舒适、宽松。休闲类运动服则主要考虑舒适、实用。

三、针织运动服的装饰处理

专业运动服的装饰不是太多，主要表现在色彩和图案的变化上，一般会有表明国籍的图案或服装品牌的商标，还有一些会有赞助商的广告。休闲运动服的装饰较多，一般反映在领子、袖、袋、肩部、门襟、腰部、底摆、口袋、裤口、裤缝或裤腰的变化上。例如，口袋可采用立体袋型、带褶袋及双层袋；或裤腰上装松紧带，在裤缝上缉明线，裤片用不同的颜色，在裤腰上加商标；还有拉链、饰扣、粘贴的装饰运用等，如图4-3-1所示。

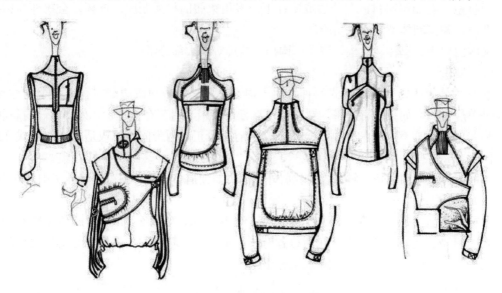

图4-3-1　运动服的局部装饰

第四节 ● 针织内衣

针织内衣是指穿在外衣里面，紧贴肌肤的服装，是人们生活中唯一时刻不离的服装，它是相对外衣而言，对人体更具细腻呵护、补充外衣所不具备的功能，诸如保暖、塑形、

护肤等更贴身的功能。内衣从其诞生至今也经历了周折的历程，从最初的雏形到现在已有了很大的改观，各个构成要素都可以千变万化，有时甚至比外衣更复杂、更繁琐，但总能给着装者和观赏者以千种感受和万般情怀。

一、针织内衣的功能及分类

从功能类型和穿着目的上，可将针织内衣分为三类，即基础内衣、装饰内衣、实用内衣。

（一）基础内衣（Foundation）

基础内衣也就是补整内衣，一般具有两种功能：一是修整人体的某些缺陷，使体形更为完美，如矫正胸部造型，束平腹部等；另一种是辅助衣服的轮廓造型。

内衣的主要类型有：文胸（Bra）。腰封（Corset/Waist Nipper）。胸衣（Long Bra），束裤（Girdle），全身束衣（Body Suit），吊裤带（Suspender/Garter Belt），软垫（Pad）。

1.文胸

文胸是衬托女性胸部曲线最直接的基础内衣，它又分为功能型及调整型两类。

功能型，指一般的文胸，具有支撑乳房、防止乳房下垂的功能。

调整型，有加层网衬，在肋边或罩杯下部多用束腹的材质制成，罩杯以全罩杯为标准型，有矫正并控制体型的特殊功能。

文胸由肩带、罩杯、衬垫、胸托、钩扣、装饰等几大部分组成。

（1）肩带

肩带可分为固定式及活动式两种，用于固定文胸，肩带和底边是罩杯的两个支撑点。特别是单层文胸，如果没有肩带，罩杯就没有任何作用。肩带有垂直状、外斜状、内斜状，两根肩带的距离亦有宽窄的分别，全包式文胸肩带较正，两带间距比较适中；斜包式文胸两带间距会略宽些。

一般来讲极端的肩带内斜有收拢乳房外侧的力，而肩带极端外斜有提起乳房中间的力。

（2）罩杯

罩杯用于包容胸部脂肪，塑造坚挺丰满的乳房形象，它可分为全罩杯、3/4罩杯、1/2罩杯及调整型四类。调整型文胸在两边各有一块加宽的布料和加层网衬能够更好地调整乳房的造型，使乳房下垂、外扩的情形得到改善。

（3）衬垫

衬垫按其材质可分为海绵、丝绵、无纺衬三类。

①海绵——透气性较好，洗后不会变形。

②丝绵——柔软、舒适、透气性佳。

③无纺衬——无纺衬又有软、硬之分，软无纺衬穿着贴身，合适；硬无纺衬稳定造型效果好。

（4）钩扣

钩扣可分为单钩、双钩、前钩三种，起固定调节作用，可调范围每挡在2.5cm，单钩和双钩都属后扣式。因大多数的文胸设计前面有一定的宽度，前扣就不方便，所以后扣式较为常见。前钩（又称前扣），是矫正型产品，适用于胸部外扩者，具有聚胸作用。有些适宜低胸外衣的文胸，前后没有宽度，罩杯几乎是分开来连接在底边上，采用前扣的式样效果较好，而且前扣容易产生乳沟，还有一个好处是不会在合体而薄的外衣表面有背钩的结构印痕，使背部光滑平整美观。

（5）胸托

胸托可分钢圈及胶片二种，能固定罩杯边缘，不使罩杯上下滑动。

钢圈，采用特种钢材及处理工艺加工而成，用于支撑乳房，不使其下垂，使胸部达到完善塑型及支撑效果。

胶片，采用特种塑胶材料制作，用于支撑文胸下扒片，防止布面向中间打皱、影响舒适与美观。

（6）装饰

美化文胸，修饰于文胸不同的部位，有艺术价值，品种有蕾丝花边、胸花等。

蕾丝（花边）可分为无弹花边、电脑刺绣花边、弹性花边。

① 无弹花边，普通的花边，价格适中，应用范围广。

② 电脑刺绣花边，凹凸感明显，华贵秀气。

③ 弹性花边，又称氨纶蕾丝，伸缩性好，没有压迫感。

文胸的款式很多，下面用两种不同分类方法加以区分。

第一种分类法有以下十种。

① 普通型，短身形标准文胸。

② 腰封型，文胸身长至腰部。

③ 前扣型，调节扣设在前中央。

④ 强调背部曲线。

⑤ V字型，前中心深开，可配低领外衣。

⑥ 两用型（或无带型），活动肩带、可拆除。

⑦ 无缝型，模压成型文胸。大多采用海绵、丝绵材料经过压模定型而成，适合胸部欠丰满的女性。

⑧ 加垫型，在罩杯里加活动小垫，衬托女性丰腴的乳房。

⑨ 钢圈型，底托加定型钢圈，对乳房有非常好的承托力，可以防止乳房因生理、年龄的增长或自身重量的原因而下垂，可以改善胸部的外观造型，令女性胸部更集中，提升。

⑩ 无托型，令女性胸部自然、舒适。

第二种分类法有以下三种。

① 全包式文胸（又称全罩杯文胸），可以全面包容乳房，并且收集扩散在乳房周围的赘肉，适用于胸部脂肪多而乳房却不高的女性。

② 斜包式文胸（又称3/4罩杯文胸），有从两面向中间的推力，适合于乳沟不明显、乳房分得较开女性，它能收集扩散在乳房外侧的赘肉，使乳房看上去更丰满。

③ 半包式文胸（又称1/2罩杯文胸），直接承托乳房下半部分，而使乳房的上半部分不受任何挤压，并有垂直的肩带，使乳房抬升，有充分的球形感，适合于乳房下垂的女性。而1/2罩杯的脱卸式两用文胸，适合于穿露背装及礼服。

文胸造型除了以上列举的以外，还有底边宽窄的不同，搭扣前后侧面的不同及肩带的直斜不同等。

2.束裤

束裤有调整腰、腹和臀部曲线的功能，原本漂亮的身材曲线会因年龄增长或长期穿戴内衣不当等原因变得不再挺拔漂亮。束裤非常强的弹性有利于曲线的恢复。束裤对人体的肌肉有引导作用。想紧束自己的腹部时，不是绷紧压迫，而要给腹肌以一定的造型空间，否则受压下的腹肌向四周平移，会使体型臃肿模糊。所以，束裤的调整功能只可以阶段性地使用。有适量的松紧度，不会使赘肉横生才是选购束裤的原则。

束裤有收束腹部多余的脂肪的功能，提高下垂臀部，纤细腰围，用来修饰下半身的线条，它可以从腰到腹到臀及大腿等处集中收束提升臀部。

束裤的大致分类有以下八种。

① 三角型（标准型），外形像短裤，腹部菱形裁剪，加强腹部的收束力。但比短裤有弹性，可以支撑臀部至大腿、腹股沟及腹部的赘肉。穿着舒适，适合身体体型良好的女性穿着，增强女性的自信心。

② 平脚型，能保持臀部的自然形态，并作适当的调整，适合一般体形的女性穿着。

③ 长腿型，裤长至大腿中部，能有效地调节大腿和臀部的线条。

④ 高腰型，裤腰比人体的腰稍高，调节腰部、腹部和臀部的线条，使它柔和、流畅。

⑤ 收腹型，束裤前片菱形裁剪，能产生内拉力，平缓地收平腹部。

⑥ 提臀型，束裤后片沿臀部线条自然裁剪，使用高弹性面料集中托高臀部。

⑦ V字型，束裤V字型立体裁剪，保持臀部托高而丰满。

⑧ 轻型束裤，布料有一点弹性，适合臀部有赘肉，肌肉未松弛的人。

3.全身束衣

全身束衣可以全面地调整胸部、腰部、臀部的三围。集文胸、腰封和束裤的功能于一身，既实用又方便。束衣包括束胸和束腰两个部分，两者既可连成一件，又可单独存在。束腰是用来收束腰部多余的赘肉，防止或改善水桶腰这种体型；而束衣不仅起到束胸和束腰作用，更可以束缚这些身体局部的同时，收束上腹部的赘肉。但只有当束衣完全符合穿着者的尺寸时才真正有效，而体型不是稳定不变的，所以应注意体型的变化而调整束衣的尺寸。另外，束衣没有日常穿着的内衣舒适，仅适用于阶段性地调整体型的目的。当基础内衣调整好身体之后，衬衣、衬裙可以衬托身体的线条，并带来无限的妩媚，使身体的动态显得滑顺自然。

4.腰封

腰封是一种特别为修饰腰部而设计的基础内衣，它特别能反衬出女性胸部和臀部的线条，适合低领礼服的装扮。

5.装饰性的内衣

装饰性的内衣主要是衬衣裙（Lingerie）。衬衣裙是指穿在贴身内衣外面和外衣里面的衣服。它的作用有以下几点。

① 使外衣穿脱滑溜方便，以免外衣出现不必要的皱纹，保持服装的基本造型。

② 避免人体的分泌物玷污外衣，也可以避免粗糙面料的外衣以及残留的染料对身体的刺激。

③ 可以减轻人体对贵重外衣料的直接磨损，延长穿着寿命。

④ 可以掩饰和修饰人体的缺陷，如衬裙可以掩饰突出的小腹等。

装饰性内衣主要类型有吊衣裙（Slip），衬衣（Camisole），衬裙（Petticoat），衬裤（Tap pant），衬衣裤（Teddy）。

（二）实用内衣（Under wear）

实用内衣具有保湿 、吸汗、保持外衣清洁及形态自然的作用，如汗衫、内裤，同时运动休闲时也可以穿着，如紧身裤，健身衣等。

实用内衣主要类型有汗衫、内裤（Panty）、卫生裤（Sanitary panty）、紧身衣、健身衣（Sweater）。

内裤款式可分为紧身式和宽松式两种，紧身式内裤使用的面料比较有弹性，一般为针织面料为多，内裤的大小与人体基本吻合，穿上时有一种紧束感；而宽松式的内裤，面料选用有一定的悬垂感，且比较柔软，与人体保持一定的宽松度，比较休闲随意。紧身式内裤多是日常穿着，且对人体腰部、臀部及腿部等部位体型改善有较大的作用。基于上述三方面的考虑，在紧身式内裤款式设计上，将其分为以下几类。

① 高腰型，内裤腰线高于肚脐，以便收拢在腰际上下的赘肉，产生腰部内凹的优美曲线，适合腰比较粗且腹部松弛的女性。

② 中腰型，内裤腰位于肚脐，是一种普通型的内裤，有绷紧腹部的作用。

③ 低腰型，内裤腰线低于肚脐，而束在胯骨上（如常见的三角裤）是一种浪漫型的内裤，适合腹部较平滑的女性穿着。同时也适合腹部特别鼓胀的女性，如孕妇。许多孕妇穿中腰型内裤，腰线的松紧带或扎带对腹部有压迫，不适合体内婴儿的成长。

④ 平腰型，内裤底边加长带腿管，对大腿肌肉有包容作用，并对臀部有很好的承托力。适合腿粗、垂臀的女性。

⑤ 四角型，底边符合人体结构，固定在臀肌下限，对臀部有特别好的包容性。

除此以外另有一种非日常穿着的内裤，如 T 型或 Y 型内裤。它们是属性感型内裤，常用于和比较特别的外衣配合时穿着。比如有些穿着贴体的，面料柔软而薄滑的羊皮裙、丝质一步裙之类，又想表现身体的光滑柔软的女性，可以用这样的内外衣配合，这种内裤对体型修正没影响。

二、针织内衣的造型和装饰处理

针织内衣是一种穿着比较广泛的服装，在款式和材料上也有很多变化，所以在造型和装饰上有很丰富的变化。从造型上可按照人的体型，采用省道转移和分割线的变化来进行结构设计。如直、斜、弧形分割线的变化，褶裥的变化，领与袖的变化，腰节线的变化，长短与宽窄变化等，如图4-4-1、图4-4-2所示。

图4-4-1　针织内衣的结构变化

图4-4-2　针织内衣的造型变化

　　内衣的装饰手法多种多样，常用的有领饰、胸饰、裙饰、背和肩部及袖子的装饰，还可以运用刺绣、褶裥、镂空、缉线、滚边、镶条、贴花等处理手法。此外还有细褶、开衩、打结等处理手法，如图4-4-3所示。

图4-4-3　针织内衣的各种装饰手法

第五节 • 针织配饰

一、配饰的作用

配饰在服装搭配中起着重要的装饰和实用的作用，它使得服装的外观视觉形象更为丰富、整体。通过配饰的造型、色彩、装饰弥补了服装自身的不足。配饰独特的艺术语言满足了人们不同的心理需求。在许多场合，人们所追求的精神和外表上的完美，是借助配饰来得以完成的。例如，每个人都可以按照自己的兴趣爱好来修饰装扮自己，在不同的场合环境中，变换一些事物就能起到很好的修饰点缀效果。职业女性的着装较为端庄稳重但略显得拘谨，如果适当添加些配饰，如别致的胸针、精致的项链等，就能给人以端庄优雅又有些情趣的印象。

二、针织配饰对于毛衫整体的影响

针织配饰是指用毛纱或毛型化纤纱等编织成的配饰。针织配饰通常有围巾、帽子、手套、袜子、包、项链等。这些配饰与服装整体呼应或形成对比，营造出一种更加丰富或者具有变化的装饰效果，但是仍然统一于毛衫整体的风格和色调，起到画龙点睛的作用。

三、针织配饰的分类

（一）围巾

围巾能给人们带来秋天的温暖记忆。围巾的作用不仅是单纯的保暖防寒，更重要的是一种装饰作用，是塑造造型的关键，能为整体形象加分。不论是长长的围巾还是厚重蓬松的围脖，都能通过色彩、肌理或者各种围系方法来吸引人们的眼球，并且能修饰、突出人脸的轮廓，衬托人的面色或者妆容，如图4-5-1所示。

（二）帽子

在服饰配件这个大家族中，无论是什么材质的，帽子始终是不可或缺的一员。从功能上来看，帽子有保护头部、防寒的作用；从审美上看，帽子能修饰人的脸型，遮掩轮廓的不足。有时候，搭配不同种类的帽子还能反映出不同的服装风格。常见的针织帽有无边帽、护耳帽、鸭舌帽、贝雷帽等，如图4-5-2、图4-5-3所示。

（三）手套

手套最初并不是为了实用而产生，后来发展成保暖防寒或者是医疗、工业防护用品。现在手套除了基础的实用功能外，人们赋予了它另一层意义——装饰搭配作用。手套是很好的服饰搭配单品，各种长长短短、形色各异的手套为各式各样的服装增强了造型感，点缀得恰到好处，如图4-5-4、图4-5-5所示。

（四）袜子

袜子是人们日常生活的必需品，有着保护脚和美化脚的作用。在服饰配件中，袜子只是小小的一部分，但是在整体造型上却也有举足轻重的作用。在长短类别上，袜子有短袜、中筒袜、长筒袜、连裤袜之分。袜子在细节上吸收了服装的流行元素，鲜艳的色彩、跳跃的印花、内敛的绞花等，让袜子在时尚舞台上大放光彩，如图4-5-6、图4-5-7所示。

（五）项链

用针织材料做成的项链区别于其他材质的项链，特点在于其风格能与针织服装自身的风格融为一体，并且有很好的塑形效果，不仅为服装增添了亮点，也能融于服装自身的风格中而不显得突兀。

（六）包

随着人们审美情趣的提高以及各种材质的广泛应用，做包的材质已经不拘泥于皮料、布料、塑料等，毛线编织成的包也成了人们所喜爱的类别。针织包有休闲、随意的风格，体现人们的小情趣。但是纯针织材料做成的包有易变性的缺点。

图4-5-1 分量感十足的围巾为服装整体增添了气势

图4-5-2 时尚帅气的针织鸭舌帽　　　　图4-5-3 可爱的护耳帽、无边帽

图4-5-4　有提花的露指长手套　　　　　　图4-5-5　毛线装饰的并指短手套

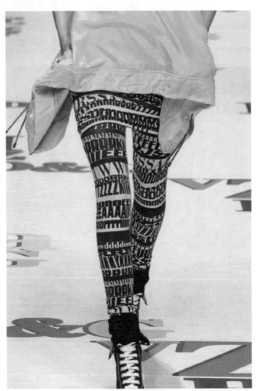

图4-5-6　绞花连裤袜　　　　　　图4-5-7　印花连裤袜

第五章 针织服装设计表达的技巧

第一节 ● 设计表达的功能和意义

针织服装设计表达的手法，是服装艺术表现语言的多种形式，最初主要是通过服装的设计效果图、服装广告、宣传和插图等方面进行表现，后来从一种制作图发展为一种艺术形式。服装设计表达的效果图或者时装画应该比服装本身，或者说比着装模特更具典型，更能反映服装的风格、魅力与特征，因此更加充满生命力。

设计是不断创新的极具挑战性的工作。针织服装设计师表达对问题的新思考、新方案，并将自己的思想、意图、愿望向第三者传达时，须借助于时装画、设计图这种最容易最有效的手段表达。针织服装最主要的表达方法则是二维的图纸，可称之为设计效果图。

设计效果图的功能与意义主要有两个方面，其一是针对外界而言的，其二是针对自身而论的。

所谓针对外界而言，是指除了设计师本人以外设计效果图是面向企业负责人、样板师、技师等人的，为说明设计意图而绘制、最容易让人明白的表现手段。设计图的主要功能是表现设计构思，表达设计意图。针织服装意匠图的主要功能是表现、传达设计技巧及针法结构。

设计师运用形色兼备、准确清晰的形象语言，将新的创意、构想用设计效果图的方式表现出来；用比例适当、针法独到的意匠图将新工艺、新设想展示出来。两者合二为一作为设计方案的主要部分。

在生产过程中设计图与设计意匠图是生产加工的依据，在产品开发中担当着不容忽视且难以替代的作用。可以说设计效果图与设计意匠图是设计师的特殊语言，是向非专业人员传达设计、沟通思想的专业技能。因此作为针织服装设计师就必须很好地学习掌握这一技能。

所谓针对自身而论，是指设计师可借助设计效果图表现自身的审美倾向及个人的设计风格。设计表达既包含了设计师对服装的理解、对设计的整体把握；同时又在方寸纸面调度着各样的服饰配件，寻求着人与服装的平衡关系。特别是一些引导潮流的设计大师，在每季的时尚服饰发布之前，都会利用设计效果图或时装画来传达自己的设计理念和时尚精神，引导人们消费文化、享用时尚。

第二节 ● 针织服装设计表达的特点

针织服装设计表达所采用的设计效果图及时装画作为一种特殊的绘画形式，是不同于一般的人物绘画的。它的主要目的是表达针织服装设计而非表现、刻画人物。它是站在服装的角度运用绘画技巧，综合性地表现人与服装的搭配关系，以点线面、体、空间、色彩、质地等来充分表现服装设计意图的绘画形式。也是在充分表达了设计意图的基础上，再进一步将艺术的表现力、感染力注入其中从而达到其表现目的的特殊画种。所有的手段都是为了更好地表达出针织服装独特的魅力。

造型、色彩、材质感的表现是服装效果图表达的三大要素。针织服装设计的表达离不开一般服装设计的表达技巧，但是因为其特殊的面料特征，也呈现出一些不同的特点。针织面料具有良好的弹性，因此，针织服装穿着时紧贴人体，有些尽管是宽松的造型，但是同样能都体现出人体的曲线美。另外，针织面料非常柔软，穿着舒适；组织结构特殊，又自成体系，这些特征都是表现其质感的关键。

服装效果图是对时装设计产品较为具体的体现，它将所设计的时装，按照设计构思，形象、生动、真实地绘制出来。相对地要写实，更加的具体化、细节化。就针织服装来说，其表现特征主要有以下几个方面。

一、结构清晰，注重细节

效果图主要目的是为了指导制作，因此在把握好主体特征的基础上，细节的描绘十分重要。不管是毛衫、T恤，还是针织内衣的效果图，细节表现要放在首要地位。具体来说，包括正面、背面结构图，清楚的分割线、省道线和缝迹线以及领口、袖口、下摆的罗纹等，必须清楚地、按比例地表达。

针织服装的组织结构丰富多变，质感柔软，悬垂性好，呈现松懈休闲的外轮廓。抓住针织服装的这一特性，在表达针织面料时，对于整体服装的结构线和纹理要耐心的、细致的描绘，即对针织服装虚与实、疏与密、透与露的把握。需要注意的是结构线和纹理的刻画一定要在轮廓线之内，或者可以不必铺满而留出空白。表现罗纹组织时，由于纹路明显，可手工用细笔将其表现出来。

二、构图简洁，突出主体

由于服装设计效果图以表现服装设计意图为目的，不以人物的内心刻画及渲染为主，所以将着眼点放在针织服装与人物的关系上。因此单纯简洁的构图形式是时装画以及设计效果图区别于其他人物画种的最重要的特征之一。

在进行针织服装设计表达时，形式美法则的重要问题之一是构图问题。这实质上也是一个思维问题，要将所要表达的东西，在画面上建立起秩序，并使之形成一个可以理解的整体，同时体现出一定的情感，表达一定的气氛，从而体现服装本身所具有的审美。此外，针织服装的款式设计以简单大方为主，在结构方面也比普通的梭织服装要简洁，因此为了与主体服装风格相一致，一般在针织服装画的构图时，也争取做到画面简洁，避免繁复的装饰效果，使得服装表达准确到位、简洁明了。

时装画为了表现设计主题及渲染服装的着装氛围，会运用一定的场景、道具等来衬托人物及服装以达到强烈的表现目的。在这一点上与设计效果图有所不同，设计效果图为了充分地向他人展示设计效果，有效地服务于生产加工，为了更加一目了然，在构图时人物多为单人设置，人物比例写实且不大夸张，画面简洁单纯，不加或少加背景，从而达到清晰明确的表现效果。

服装效果图顾名思义主体是服装，如果是设计一件毛衣，那下装（裤子、裙子）和佩饰可以简略，重点突出毛衣。效果图主要目的是为了指导制作，因此针织毛衫的效果图，细节表现要放在首要地位。具体来说，一些局部的组织结构、袖子和衣身的花型及领口、袖口、下摆的罗纹等，必须清楚地、按比例地表达。这些细部对毛衫的工艺设计都有很重要的指导作用。

三、色彩鲜明，有较强的艺术感染力

针织毛衫与其他服装的重要区别之一是色彩丰富、颜色鲜明，这是由于它本身的纱线的特性所决定的，所以在画图时要特别突出这点。一般来说，在画针织毛衫的效果图时，与绘画色彩不同，服装画的用色单纯、清爽饱和，视觉效果强。时装画和设计效果图多利用服装材料的固有色，尽量避免使用含混不清的复色及环境色，设计效果明朗化。针织服装必须强调实用效果与艺术效果的统一，把色彩体现于针织的线圈与纱线上。针织服装因织物线圈的肌理效应，一般色彩设计都是鲜艳的色块组合或是分割，使得色彩协调自然、鲜明醒目。因此，在表现针织服装时，要强调色彩设计的重要性，使得整体色彩鲜明突出，强调艺术效果。

设计师要注意观察，掌握针织服装的结构状态，并且准确表达针织服装鲜明的色彩，对于表现针织服装的质感是十分重要的。

根据针织毛衫的设计主题来设计构图，一般在画面组合上会出现单人、双人或多人的组合形式，并且会运用一定的场景、道具等来衬托配合人物及服装而达到强烈的表现目的。如果是秋冬装毛衫，那么就会选择一些温暖的场景，人物和背景融合在一起使画面完整。但要注意的是背景不要太花，不然会喧宾夺主。

第三节 ● 针织服装设计表达技法

针织服装设计的表现技法很多，不同的设计师有不同的表现手法，不同的服装、不同的组织结构也有不同的表现方式。一般来说，选用常用工具中的某些工具，就足以满足基本绘制要求。对于特殊技法制作的时装画，可以运用一些特殊的工具，如电脑工具、喷笔工具等。工具材料大致分为常用工具、颜料、纸张以及特殊工具，对于针织服装设计来说，基本的表现技法有以下几种。

图5-3-1　水粉画技法的表现

一、水粉画技法

水粉是画服装效果图最重要也是最常用的表现手法，效果层次也更为丰富。水粉画利用水粉颜料厚重浓艳的色彩效果或进行平涂渲染、或点缀勾勒以表现针织花纹交织的服装。另外，水粉颜料具有很强的遮盖力，即使画坏了也能够及时修改。而且既可厚涂又可薄绘，能够很好地表现厚质感或特殊质感的针织效果，同时那丰富多变的装饰效果又具有极强感染力和表现力，如图5-3-1所示。

水粉画的最主要特点是颜料的含粉性质和不透明性，水粉颜料容易被水溶解，是一种覆盖力较强的不透明颜料。也就是说，水粉颜料色层能够紧密盖住底子和下面的色层，而且水粉颜色干透以后非常结实，表面呈现出无光泽的天鹅绒般的特有美感。由于水粉颜色含有一定分量的白粉，使色彩干湿之间有明显的差别，即湿时色彩较暗，干后白粉色浮现在表面，明度比湿时要强，而色彩鲜明度减弱。这一状况，使水粉画在制作中掌握色彩干湿变化时增加了难度。设计师只有在实践中，逐步积累经验，才能取得预期的效果。

在使用这种技法时，通常有三种方式表现。

1.明暗表现法

通过类似于素描的明暗关系，用色彩的深浅来表现服装的美感。

2.平涂勾线法

平涂勾线是表现针织服装最方便、表现力最强的画法。用色彩均匀的平涂，再用钢笔或毛笔进行勾线。

3.平涂留白法

在用色彩填色时，故意把一些衣纹、褶皱留白，再进行细部纹理组织的刻画，效果简洁干净。

二、水彩画技法

水彩画技法是一种较为写实的手法，根据水彩颜料特点可以分为湿画法和干湿画法两种，如果两种方法结合在一起用，能达到更好的效果。利用水彩色的透明晶莹的色彩特点，用平涂、晕染的方法绘制出细针、机织毛衫细腻柔滑的材质效果。另外，在作图时，要注意水分的掌握，以免使画面看起来很脏。

在使用水彩技法时，表现形式主要有两种。

1.湿画法

可以在纸上先铺一遍水，待半干时即可画。这种方法适合画毛衣、有毛皮装饰的针织服装。也可以使用点色水积法，例如表现抽象效果的图案时，先点上图案的颜色，然后用水在其边缘涂抹，使颜色自然散开，形成流动抽象的图案。

2.干湿画法

干湿画法是一种干湿结合的画法，表现各种类型的针织服装都能达到良好的效果。干湿画法一定要注意干笔和湿笔结合运用，针对针织服装面料的特征，可灵活运用、发挥其独特的表现力。

三、钢笔画技法

这里所指的钢笔也包括针管笔，通过不同型号的笔来表现针织服装的款式图、结构图，如图5-3-2所示。这种技法的特点是笔触均匀，线条清晰，而且使用方便。特别是勾画一些细节部分很方便，同时也是表现钩针织物的理想选择。由于这种技法颜色比较单一，所以可以通过实线、虚线、点三者交叉使用，使画面有虚实感，同时也可以产生黑、白、灰不同的色调。

图5-3-2 钢笔画技法的表现

钢笔是极为常用的工具之一。可以选用弯头钢笔或多种型号的宽头钢笔，但要注意，宽头钢笔的特点是画出较阔的线迹，当表现连续、均匀、弯曲的线时，宽头钢笔便不能顺

图5-3-3 彩铅的表现技法

畅运用。钢笔的墨水，可选用较好质量的黑色绘图墨水，并经常保持钢笔的清洁，以保证墨水流畅。

四、彩铅画技法

用彩铅作图对纸张的要求比较高，要选用表面粗糙的纸，这样才容易出效果，表面光滑的纸不易上色。彩铅画技法先用彩笔勾勒出服装的基本轮廓及大概的针法结构，再用其他工具描绘细节、施加明暗变化，平涂与勾线相结合。彩铅笔与油画棒结合适合描绘粗犷的针织花纹交织的服装，如图5-3-3所示。

绘制彩色铅笔画时，可以勾线或者平涂，可调节颜色深浅、浓淡，有粗细虚实的变化和抑扬顿挫的节奏，能够表现出丰富的效果。常用的方法是以平涂色为主，结合少量的线条。彩色铅笔画用笔力量要有变化，用轻重、停顿等方法体现自由活泼的画风。在勾线的基础上，增加明暗对比或暗调，加强针织服装的质感和空间感。彩色铅笔画技法和铅笔画技法相似，不同的是它以颜色来表现。因此在用彩色铅笔画针织服装时，要注意服装的色彩关系，利用最简便的上色方法，表现出色彩缤纷的服饰，这是彩色铅笔使用的重点。

彩色铅笔大多是在钢笔或铅笔等工具勾线的基础上用于涂色的，因此，彩色铅笔可与其他工具结合使用，表现出更为理想的效果。

五、色粉画技法

色粉画技法在针织服装的设计图中被广泛运用，色粉笔特别能表现毛衣松软、蓬松的感觉。同时可以选择一些不同颜色、不同材质的纸张（如一些彩色卡纸等）配合色粉笔作图，效果更为明显。完成效果图时，要记住喷一层胶，这样才不易掉色。

色粉笔画的不足之处是，由于受到工具的限制，较难表现针织服装的细部，另外画面不易保存，不能折或者卷，也比较容易掉色。

六、麦克笔画技法

麦克笔也叫记号笔，使用方便，笔调干净利落。麦克笔有油性麦克笔和水性麦克笔两种，笔头的形状也有尖头和斧头两种。油性笔更适合勾线和简笔画的表现，在勾画服装人物时，有一种张力感，粗大有力的笔锋和清晰的轮廓，都是其他工具无法媲美的。两种笔尖形状，尖头笔适合勾线，斧头笔用于大面积涂色块。麦克笔的颜色较多，并有单色笔、渐变色笔等多种类型，是非常实用和理想的设计工具。

当绘制针织服装效果图时，一般采用水性麦克笔，其颜色透明，使用方便。特别是在绘制一些条纹毛衫、拼色毛衫时，能够发挥其长处，获得理想的效果。针织服装中常见的菱形格、千鸟格图案利用麦克笔也能表现得淋漓尽致。

用麦克笔作画是针织服装设计图的绘制技巧中较为快捷的方法。因为麦克笔可以表现线和面，又不需要调制颜色，且颜色易于干燥。使用麦克笔可以直接勾线上色，也可以与其他工具结合，即先用钢笔或铅笔勾画人物，然后用麦克笔逐步上色。使用麦克笔平涂或勾线时，应该注重其特性，充分表现麦克笔的材质美感。用笔要讲究力度，不宜过多重复涂抹。如果机械地使用麦克笔，则发挥不出它的美感。所以应该了解工具的性能，扬长避短，发挥麦克笔的长处，才能获得理想的效果。

图5-3-4　麦克笔加水笔的表现技法

用麦克笔绘画时，纸张的选择很重要，不适宜用吸水性过强的纸，否则会使麦克笔的水分渗出，影响画面，而是要用卡纸、素描纸、图画纸等硬质地的纸张较为适宜。绘画之前，最好先用笔在废纸上试涂，试看纸张的性能，另外也可看一下在纸上的颜色是否准确，为实际操作做准备。此外，各种不同质地的纸，吸收麦克笔颜色的速度各异，而产生的效果亦不相同，吸收速度快的纸张，绘出的色块，易带有条纹状，反之则相反。用沾上香蕉水的棉球或布，可以除去油性马克笔色彩，或淡化色彩，利用这一特性，可以绘制出推晕的色彩效果。利用硫酸纸的透明性质，可以绘制出同一色彩的深浅层次和色与色的重叠效果，如图5-3-4所示。

七、剪贴画技法

剪贴画是一种很有趣味性的绘图方法，利用各种图片、画报等材料来表现针织服装的质感，有时常常会有意想不到的效果。可以找一些组织结构直接贴到服装上，还可以找一些类似感觉的图片进行不同的组合再粘贴。剪贴画技法通常会和其他手法相结合使用，如先贴后用钢笔、彩铅勾线或者留白，如图5-3-5所示。

剪贴画是一种特殊的画，和其他的绘画形式不一样。剪贴画，也叫纸贴画，是用各种不同颜色的纸，按照预先设计好的图样剪贴出的美丽的图画。它是一种既新颖又古老的艺术，在我国民间剪纸的基础上融入了现代审美意识，无论在线条、造型、色彩等各方面都有新意。剪贴画通过独特的制作技艺，巧妙地利用材料和性能，充分展示了材料的美感，使整个画面具有浓浓的装饰风味。

剪贴画有取材容易、制作方便、变化多样等特点，造型灵活、色彩鲜艳、表现力强、技法简易、材料易得。因此，在表现装饰效果强烈的针织服装时可以使用剪贴画技法。实际运用时，使用面料、报刊、色纸等一些可用于剪切、拼贴的材料，按画面需要进行拼接、粘贴，便可以间接看到针织服装面料运用的整体效果。

图5-3-5　剪贴画加其他技法的表现

八、喷绘技法

喷绘技法是以喷笔等喷绘工具为主的绘制方法。它是颜料经溶剂调制成适当浓度后，用喷、洒、泼、溅等方式落在画面上，由此形成的是一种自然肌理效果。喷洒时随着使用的工具不同、方式的角度、程度、浓度、时间、力度的不同，产生的效果也是变化无穷的。喷笔工具包括喷笔与气泵两部分。气泵以保证产生足够的压力，喷笔可以调节所喷出颜色面积的大小，以形成线迹或面。用专用遮蔽物或纸张等遮挡，可以喷出挺括的轮廓。水粉色、水彩色都可使用，但需要加入适量的水，不宜过多或少，喷出均匀的色彩，且以不稀薄为宜。

由于喷绘法绘制的色彩细腻、均匀，所以它可以绘制出具有写实风格的时装画，也能使画面达到一种神秘效果。喷绘法除使用专业的喷绘工具外，还可以利用刷子等工具达到类似的处理效果，采用遮挡方法，可以喷绘出清晰的边缘。喷绘法可以结合勾线法，使画面更为生动。当然，喷绘工具用于时装画需要一定的时间来保证，在对此工具的特性未达到娴熟掌握时，抑或产生相反的效果。

喷绘技法，适合表现出针织薄料的通透感觉。表现薄料大面积的起伏，可以使用大笔触进行大面积的处理。对于薄料的碎褶，可注重其随意性和生动性，针对其明暗，进行着重刻画。薄料在穿着之后，有贴身与飘逸之分，前者可以着重表现，而后者则可以略为虚之。

九、对印技法

对印技法是一种新型的技法，是在玻璃板或有塑料涂面的光滑纸上，先画出大体颜色，然后把画纸覆上，像印木刻一样，画面粘印出优美的纹理。此种效果用细纹水彩纸容易见效，以对印为主，稍作加工即可成为一幅耐人寻味的水彩画。有的局部使用对印方法，大部分仍然靠画笔完成。

用圆机生产的针织面料，纹理平滑、整齐，可采用对印法，对印一定部位、面积的针织纹理，以达到准确表达服装效果的目的。

十、电脑画技法

时代在进步，社会在发展，电脑已经是各行各业必不可少的工具。随着数码时代的到来，电脑技术用于设计是未来针织服装领域发展的必然趋势。借用通用的电脑平面设计软件，如Photoshop、Coreldraw、Illustrator、Painter等，可以表达手绘技巧无法传达的复杂信息。使用电脑画技法的优点有很多，最突出的是省时省力、效果精致、修改方便。服装效果图的风格体现在形、色、意的结合，但终究是借用各种表现手法来实现，就如同虽然熟悉了很多的词组，但仍然需要运用一些方法和技巧才能达到良好的效果。看起来较复杂的效果，在电脑设计中可以轻松完成。一是要熟悉和掌握绘制、编辑工具与对工具的综合运用。二是以美术功底为基础对作品的处理，否则面对瞬息万变的效果把握不住本质。有了这两方面的结合，电脑工具在表现创意和展开想象方面就可尽显其威了。只有经过不断的实践、探索，才能创造出别具一格的电脑服装效果图，如图5-3-6所示。

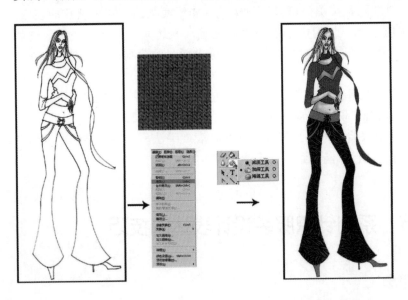

图5-3-6　电脑画技法的表现

电脑技法基本上有三种表现方式。

① 直接用电脑鼠标作图。

② 先勾勒出线稿，再扫描入电脑，进行填色加工处理。

③ 用一些现成的图或者照片，在电脑中进行颜色、款式等修改，变成另外一款设计。也可以直接找一些特殊的组织结构图进行面料填充。

总之，在针织服装设计图的表达过程中，综合使用上述服装效果图的绘制技法中的2～4种，扬长避短，可以取得意想不到的效果。如彩色铅笔、水彩画技法的混合运用；钢笔、水彩、麦克笔技法的混合运用。

针织服装的设计不仅可以通过以上的方法来表达，还可尝试一些非常规的表达方法，两种或多种方法相结合，必能寻找到属于个人的设计风格。

十一、综合的表现手段

在针织服装中，有外穿毛衫、针织内衣、针织运动装等类别。这些不同的服装类别，有着各自不同的面料风格，如在针织服装中，有粗犷个性的绞花；针织内衣中，有细腻柔美的蕾丝；针织运动装中，有吸湿、放湿性极好的网眼面料。要在绘图中恰到好处地在表现这些不同质感的面料，需要根据所要表现的服装风格和面料风格来选择绘图手段和绘制工具。

针织服装中的绞花，往往轮廓清晰明确，多种绘图工具都能较好的、以各自不同的特色来表现绞花。如果使用的工具是彩铅，能通过线条的粗细轻重来表现其灵活性，平涂中还能加上些许不同色调的层次来使绞花显得更有立体感和体现纱线特有的毛糙感；若使用水粉来表现绞花，由于水粉自身丰富且浓重的色彩，则侧重点可以放在块面和色彩的表现上；剪贴法也同样适用于绞花的表现，可以用实物纱线的缠绕粘贴或者照片上的局部剪贴来使画面显得趣味性十足。

针织内衣上的蕾丝面料细腻且柔美，可以通过钢笔、彩铅线描的方式来细致的表现，也可以直接借助软件用电脑绘制。使用电脑的最大好处是，表达充分且方便快捷，比如单独画一个蕾丝花型，然后用软件的复制粘贴功能来完成个面料的绘制，再填充到内衣上即可。

通常针织运动装没有像绞花那样起伏明显的肌理，也没有蕾丝那样细腻的花型，所以几乎任何一种制图技法都能适合表现运动装，只是表现出来的质感不同。

当然，每一种质感的针织服装并不是只有固定的几种表现手法，很多时候都可以结合多种手法来综合表现，多方尝试，才能找到适合设计师风格的技法。

第四节 ● 系列针织服装设计表达的技巧

一、系列设计的概念

系列的原意并不复杂，系即系统、联系的意思，列即排列、行列的意思，两者组合在一起，意指那些既相互关联又富有变化的成组成群的事物。服装系列设计的关联性，往往以群组中各款服装具有某种共同要素的形式体现。这些形式要素包括基本廓形或部分细节、面料色彩或材质肌理、结构形态或披挂方式、图案纹样或文字标志、装饰附件或装饰工艺，它们单个或多个在系列中反复出现，从而形成系列的某种内在联系，使系列具有整体的"统一感"。

同一系列的服装，必然具有某种共同要素，而这种共同要素在系列中又必须做大小、长短、正反、疏密、强弱等形式上的变化，使个体款式互不雷同，达到系列设计个性化的效果，从而产生视觉心理感应上的连续性和情趣性。由此可见，所谓系列服装就是具有某种同一要素而又富有变化的成组配套的服装群组。

二、系列设计的原则

系列设计的原则简单地说就是如何求取最佳的设计期望值，这一期望值涉及系列的群体关联和个体变异所具有的统一与变化的美感。在评判某一系列设计是否统一感太强（结果造成单调感）或变化太大（从而丧失内在逻辑联系）时，这条原则给出了一条可遵循的准则。

在系列服装设计中，总是由一个款式（常称为基本形）发生一系列的变化，但在变化的每个款式中都能识别出原来的基本形，这种特殊的变换形式被称为某一基本形的发展。由基本形发生一连串的变化，它们之间却保持着紧密的联系，称之为系列感。换言之，它们都是从同一母体中产生的，都属于同一血源，因而有着家族的类似和"性格"上的统一与和谐。

评价某个系列设计的好坏时，可以从以下几个方面入手。

① 整个系列的服装是否完整。

② 系列中的每件款式变化是否丰富。

③ 每一款中加入的元素是否恰当。

④ 整体色彩是否和谐。

掌握以上这些方面，还要灵活理解和运用，才能更好地设计出优秀的系列服装。

三、服装系列设计表现形式

服装系列设计表现形式主要通过构成服装的各要素体现出来。归纳有以下几点。

1.款式系列感的表现形式

款式系列感的表现形式是指突出服装的内外层次变化和服装的长短变化的表现形式。款式系列感的表现形式中如突出某种长短搭配，上短下长、下短上长、内长外短、外长内短等，通过多件套多层次来表现相同件数组合服装丰富的层次效果。

2.色彩系列感的表现形式

色彩系列感的表现形式是指以突出某组色彩组合规律的系列表现形式。它以某一组色彩为系列服装应用要素，贯穿在系列各套服装之中，系列中每套服装的主色调或组合色彩的数量不变，而是利用色彩的组合位置或色块面积大小的变化，以较少色彩达到群体变化

丰富的效果。

3.面料系列感的表现形式

面料系列感的表现形式是指以某一组面料为系列服装的应用要素,贯穿在各套系列服装之中的一种形式。面料系列形式中着重考虑的是有图案纹样的系列性效果。系列中每套服装的面料组合数量不变,而着重在面料的排列上变化使之形成系列感。

4.线性系列感的表现形式

线性系列感的表现形式是指成组、成套的服装在外形相同或近似的情况下,进行内部分割线变化的系列形式。系列中着重于结构线和装饰线的变化,服装外型基本一致,以突出服装中分割线的效果。

5.服饰品系列感的表现形式

服饰品系列感的表现形式是指成组、成套的服装在外型相同或近似的情况下,变化服饰品的种类来装饰服装的系列形式。系列中着重于服饰品的变化设计,款式应简单,更加突出服饰品的效果,造成不同的外观或不同的服装格调。服饰品系列感的表现形式还可以设计一组服饰品之后,对近似变化的服装进行部分变化的装饰,达到服饰风格统一的效果。

6.服装装饰工艺系列的表现形式

服装装饰工艺包括辑明线、打褶、镶嵌、绣花、手针缭缝、蕾丝花边等。其系列感的表现形式是指成组、成套的服装在外形相同或近似的情况下,将一种工艺手法反复应用,但需变化服装饰点的位置使之产生系列的关联。系列中着重于服装装饰位置的变化设计,款式部位应突出装饰工艺的特点,形成统一的服装格调。

7.综合手段的系列形式

综合手段的系列形式是指集中上述两种或两种以上形式来表现综合要素的系列感服装设计法。设计中这种手法应该是应用较多的,也是能较完整的体现系列服装或体现高水平设计的最佳手段。在系列中,要素与要素之间各自突出,又相互联系和相互制约,显示出内在相关的逻辑性。系列的表达形式多种多样,有的强调某种造型,如"A型系列""X型系列""H型系列"等;有的着重于色彩表现,强调某一组色彩组合的规律,如"红黑系列""太空色系列"等;有的突出服装长短搭配;有的追求纹样的同一;有的讲究同质或异质衣料的对比组合等。系列不同的表现形式就是在构成服装的各要素组合中,既有系列中相同的共性,也要有系列中相似而不雷同的设计点。

四、针织服装的系列设计表达技巧

(一)针织服装系列设计的效果

针织服装系列设计所产生的效果主要有2种。

1.色彩的系列化效果

以色彩系列来表达针织服装系列设计是最常见的形式。很多服装品牌采取了以色彩作为系列与系列之间区分的标准。颜色、款式、面料是服装设计最基础的三大要素,颜色又是先于款式、面料，给人第一印象、最为直观的要素。

2.款式的系列化效果

以款式作为系列划分也是常见的针织服装系列设计的手法之一，以某一个特定的款式作为划分系列的原则，比如圆领衫、T恤等款式，整个系列的服装以面料、色彩、细节设计作为突破点，各有不同。

在设计的时候可以做细致的研究，也是锻炼设计能力的好方法。它的优势在便于加工和管理，目的性较强。它也可以隐藏在颜色系列、主题系列、文化系列之下，作为它们的子系列。

（二）针织服装系列的分类方法

针织服装系列的分类方法主要有以下6种。

1.按穿着搭配风格划分

按穿着搭配风格划分是最常见也最符合消费者使用的一种划分方法，在大中型服装品牌中较为适用。同一种风格的产品，包含不同的款式（上装、下装与外套，针织开衫与吊带等），但是都非常易于搭配的，可以形成很多种穿着方式。

2.按款式特征划分

按款式特征划分比较适合一些小的系列产品。比如，同时推出一个宽松但结构别致的上装系列，面料虽然不同，但是款式线条的设计手法类似，可以为消费者塑造独特而持续的服饰形象。这种方法也是节约设计思维的一种有效途径，同一个设计构思，经过细微的变化使用在不同的针织面料中，既丰富产品又统一格调。

3.按主色调划分

按主色调划分是视觉上最为统一的一种划分方法。无论是陈列或穿着，都给人非常和谐的感觉。

4.按主面料划分

设计系列化服装时，突出主面料的风格，辅以相配的其他纱线以及辅料，所设计的款式以最大限度地体现主面料的优点为佳。

5.按主图案风格划分

比如一些专门的针织服装品牌的T恤产品，就往往以图案风格来划分其产品系列。

6.按工艺手法划分

按工艺手法划分的方法常用于需特殊处理的产品，例如一些T恤产品，不同的印花工艺也可以形成不同的产品系列。优秀的系列产品层次分明、主题突出，既丰富又统一有序，但也对设计的环节提出了较高的要求。

（三）针织服装系列设计遵循的原则

1.系列服装必须具有统一性，才能称之为系列

统一就是在针织服装系列中有一种或者几种共同元素，将这个系列串联起来，使得它

们成为一个有机的整体。只有统一没有变化，产品就会单调。在同一的前提下，一个设计构思可以经过微妙的变化，延伸出不同的产品，形成丰富而均衡的视觉效果。要做到统一而变化，就是要对服装的某一特征以不同的方式反复的强调。

2.要突出主题，就是要强调有价值的设计点

需要强调的设计点可以是一个结构细节、一种面料搭配方式或者是一种图案等，只要它具有吸引力，就可以成为一个系列的设计点。

3.要做到层次分明

有些系列化的针织产品做到了统一而变化，但却平淡无味，这是由于设计点只是单纯的平均在每个产品中，却没有强弱变化、没有层次。

五、针织服装系列设计案例

例一　主题——ISABELLA

设计说明：此系列设计灵感来源于法国电影《蝴蝶》，电影讲述了一位热爱蝴蝶研究的老爷爷带着年幼的外孙女找寻一种名叫ISABELLA的稀有品种蝴蝶。整部电影充满着温馨的感觉，是这个系列的主题。鲜艳活泼的色彩交织在一起，粗线织出的麻花更添加了一丝复古的味道，装饰的小毛球与流苏更有几分灵动（图5-4-1）。

图5-4-1　主题——ISABELLA

例二　主题——海底世界

设计说明：蓝色的海洋，充满了神秘，代表了活力、代表了时尚。此系列以蓝色为主色调，灰黑色为辅助色，一组时尚活泼的女孩出现在人们的面前，带来了大海的宽广和浪漫（图5-4-2）。

图5-4-2　主题——海底世界

例三　主题——花都

设计说明：灵感来自盛开花朵的色彩，故取名为"花都"。以花的缤纷色彩为设计主题，不同亮丽色彩的搭配组合是此设计的重点，运用粗细不同的纱线以及电脑提花的技术达到强烈的视觉效果，让人耳目一新（图5-4-3）。

图5-4-3　主题——花都

例四　主题——白领的夏天

设计说明：穿梭于都市的女白领们优雅干练，同时又不失女性特有的柔美气质。设计中采用了领带、衬衫领、驳领及纽扣等中性化元素，重新拼接组合，以另一种角度诠释女性的干练和魅力（图5-4-4）。

图 5-4-4 主题——白领的夏天

例五 主题——东方缪斯

设计说明：缪斯是古希腊神话中科学与艺术的女神，当她走下神台，来到人们的生活中，人们会一起去追寻她。本系列借鉴了欧洲紧身胸衣的设计元素，用金色、黑色、棕色等色调，营造出成熟稳重中又不失性感的现代女性形象（图5-4-5）。

图 5-4-5 主题——东方缪斯

第六章 针织服装的品牌规划设计

针织服装的品牌规划设计所涉及的内容很广，主要包括产品规划、宣传推广、卖场设计、服务管理等。对于针织服装企业来说，好的品牌规划设计是整个品牌运作的先导，也是品牌成功的关键。

第一节 ● 产品规划

在针织服装企业中，产品规划的过程是通过市场调查研究，收集流行资讯，对所收集的资料进行选择，形成新产品的概念，再进行细化的设计。

一、产品规划的框架

针织服装的产品规划不是凭空想象的，也不是在白纸上作画，而是需要基于内外环境来做，需要考虑各方面的约束和条件。

内外环境主要考虑三个方面，即外部市场环境、竞争对手情况、企业内部环境，如图6-1-1所示。

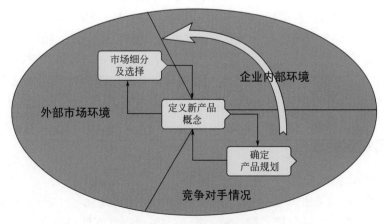

图6-1-1 产品规划的框架

在内外部环境的约束和条件下进行产品规划的过程可以分成三个主要阶段。

1.市场细分及选择

在这个阶段，主要通过市场调研和分析，研究如何细分市场，以及企业如何选择细分市场；最后确定企业对细分市场的战略选择。具体表现为，首先要明确品牌的市场定位，即品牌所选择的目标消费群（年龄、性别、职业、收入、兴趣爱好等）。然后才能有针对性的进行设计、生产、销售。

进一步细分市场的细分及选择过程，可以很自然地再分成市场细分和细分市场战略选择两个关键活动。

2.定义新产品概念

针对某个细分市场，收集其需求的主要内容，包括客户需求、竞争需求及企业内部需求，通过市场调查、收集流行资讯、研究竞争对手、总结上一季产品的得失，然后寻找和定义新一季的产品概念。

而定义新产品概念的过程，则包括关键需求分析、竞争分析与定位及定义新产品概念等关键活动。

3.确定产品规划

从技术层面分析新产品属于哪个产品线及其开发路径，并根据公司的战略或策略确定新产品开发的优先顺序，然后依据企业资源状况，制定新产品开发的时间计划，制定出具体的时间安排，然后具体实施。

图6-1-2　产品规划过程的关键活动

在确定产品规划这个过程中，应包括技术平台分析、确定新产品组合及新产品时间资源计划。

产品规划过程的关键活动如图6-1-2所示。

产品规划过程可以划分为上述三个主要阶段，并且这三个阶段是相互影响的。不仅前面的阶段确定了下一个阶段，如细分市场的选择必然确定了需求收集的目标市场；而且后面的阶段也会影响和修正前面阶段的结果，如企业的技术和资源状况可能会影响产品的定位，甚至影响细分市场的选择，细分市场需求的进一步收集和分析可能会修正已经做出的细分市场选择的结果等。因此，一方面三个阶段是缺一不可的，每个阶段应该有明确的输出结果，另一方面，这三个阶段是相互影响的，应该注重有机的结合。

产品规划并不是单次的工作，应该是不断循环、持续的工作，随着外部和内部情况的变化而不断的修正。

二、产品规划的原则

产品规划的基本原则有以下几点。

① 产品规划过程是企业战略管理、市场营销管理中的有机部分。一个理想的过程是将企业的战略管理过程、市场营销管理过程和产品规划过程良好地整合在一起，如果做不到

这样，则应该保证产品规划过程、企业的战略管理和市场营销管理过程保持一致，即产品规划过程是从产品规划的角度来重复企业战略管理和市场营销管理过程。

② 产品规划应该以细分市场为基础和目标，产品规划过程应该首先关注市场如何细分，然后以一个细分市场为基础或目标来展开相关的市场调研、产品定位等工作。

③ 一个良好的新产品规划，应该通过满足客户需求来提供客户价值，并通过建立竞争优势来战胜竞争对手。这是新产品未来成功必不可少的两个基本条件。

④ 产品规划应该考虑技术平台问题，以促进技术平台的有效运用，从而提高开发效率，保证开发质量，降低开发成本及产品整个生命周期的相关成本。

三、市场细分

市场细分的目标是将企业现有或潜在的市场，以一种合适的方式进行细分，为后续的细分市场选择、关键需求分析、竞争分析与定位等活动，提供基础或确定对象。

市场细分是企业非常重要的工作。市场如何进行细分？一般是通过一个或若干个特征变量把市场规划成若干部分。但有效的市场细分必须体现各个细分市场的客户需求的不同，所以用来细分市场的特征变量必须同时也是能够体现客户需求不同的特征变量，如年龄等。当年龄的不同能够体现客户需求的不同时，年龄就是一个可以用来细分市场的有效的变量，而不同年龄的人群需求没有明显差别时，年龄就不能成为有效的特征变量。一种有效的市场细分，可以通过如下的一些特性来检验。

1.可衡量性

可衡量性即用来划分细分市场的特征变量，应该是能够加以度量的。但是某些特征变量是很难度量的。

2.足量性

足量性即细分市场的规模大到足够获利的程度。对于产品规划来说，一个细分市场应该是值得为其设计一个产品规划方案的尽可能大的同质群体。

3.可接近性

可接近性即能有效地到达细分市场并为之服务的程度。

4.差别性

细分市场在观念上能被区分，并且对不同的营销组合因素和方案有不同的反应。

5.行动可能性

行动可能性是指为吸引和服务细分市场而系统地提出有效计划的可行程度。

客户需求的不同是多方面的，也就决定了市场细分的方式是多种多样的。所以有必要先明确细分市场的目的，然后根据这个目的选择合适的市场细分的方式。比如研究产品时，需要按照客户对产品需求的不同来细分市场，而研究促销方式时，可能会需要根据另一个方式来细分市场，以取得更好的效果。

特征变量的有效性的重要程度也是影响市场细分的重要因素，如果忽视主要的特征变量，而使用了次要的特征变量来细分市场，将使随后的细分市场的研究陷入无效的泥潭。

在市场研究，收集流行资讯的基础上，对所收集的资料进行选择，确立新产品的概念，再进行细化的设计，这是一个品牌产品规划的典型流程。

四、针织品牌的产品规划设计案例

针织品牌的产品规划设计案例如图6-1-3～图6-1-11所示。

A.A品牌 2014—2015年秋冬季产品设计企划（概念）

品牌名称：A.A

品牌理念：坚持梦想，做自己

产品风格：青春、时尚、个性

产品主题

系列：黑白世界
丛林都市
花园精灵
异域风情

定位分析

消费对象：18～28岁，追求时尚、个性、完美、自由的群体
产品类别：以针织女装为主
辅助产品：帽子、手套、围巾

价格带：280元～580元
卖场：商场、专卖柜、专卖店
装修风格：时尚、个性、自我

品牌形象

卖场形象：中高档商场里设置品牌专柜、商业街上设置品牌专卖店
追求个性与自我的黑、白、灰组合，大量使用灯光探照、投影、斜射等辅助体现幽深、魅惑的艺术感染
宣传形象：利用广告及各种传媒推介品牌和产品。报纸杂志等平面媒体，增加网络销售

服务形象：通过会员卡、贵宾卡、换季打折，一定规模的优惠活动，提高品牌的知名度，树立品牌的形象

图6-1-3 A.A品牌2013—2014年秋冬季产品设计企划（概念）

A .A 品牌 2014—2015年秋冬季产品设计企划（主题一）

2014-2015 A/W NEW COLLECTION

黑白世界

风格指南

BLACK

WHITE

印花图案

面料

风格

亮片

皮革

黑白双色设计是整个款式的重点，其图案如阴间大法师风格，条纹和格纹图案是主宰款式。款式设计保持了 20 世纪 60 年代经典复古，如直直筒连衣裙，对比饰边是主要细节。

贡缎

细节&装饰

荷叶边衣领

对比边饰

图6-1-4　A.A品牌2014—2015年秋冬季产品设计企划（主题一）

A.A 品牌 2014—2015年秋冬季产品设计企划（主题二）

图6-1-5　A.A品牌2014—2015年秋冬季产品设计企划（主题二）

A.A 品牌 2014—2015年秋冬季产品设计企划（主题三）

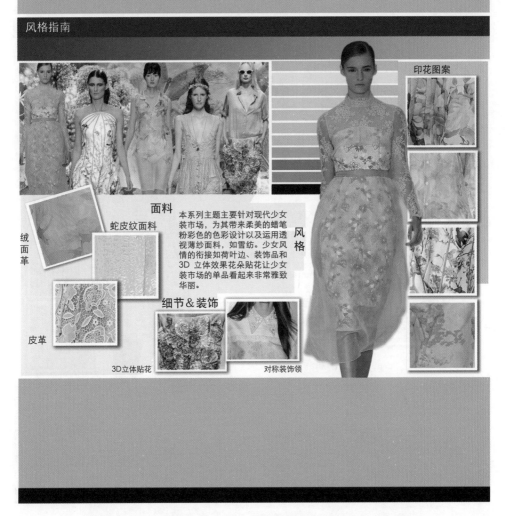

图6-1-6　A.A品牌2014—2015年秋冬季产品设计企划（主题三）

A.A品牌 2014—2015年秋冬季产品设计企划（主题四）

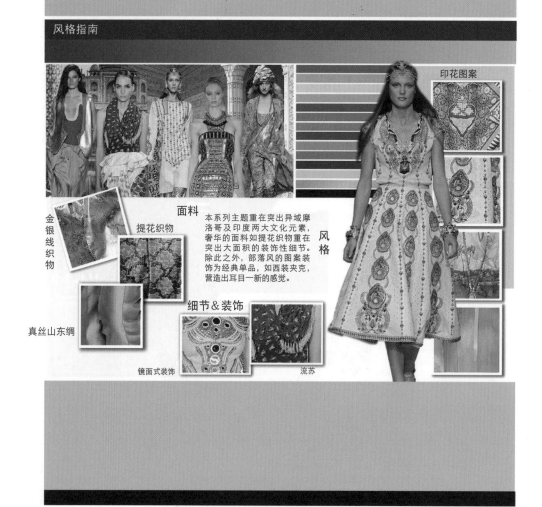

图6-1-7　A.A品牌2014—2015年秋冬季产品设计企划（主题四）

款式设计稿

KNITTING DESIGN COLLECTION

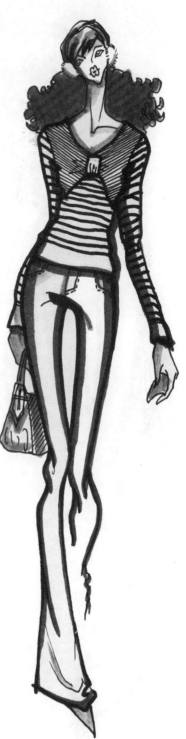

随着几何风的盛行，条纹成为炙手可热的流行元素。
明亮的色调与经典的款式使条纹成为这一季最时尚的单品

图6-1-8 黑白世界——条纹

KNITTING DESIGN COLLECTION

此款专为 18 ～ 25 岁年轻女孩设计。色彩搭配迎合最新流行趋势，欢快的白色与不同色调的紫色相间排列是本款的一大亮点。同时，袖子的设计别有用心，既美观新颖又充分地考虑到穿着的舒适性。

袖子的侧面图：袖子上的破洞设计看起来既美观又不用担心走光的问题，兼具了短袖与无袖衫的优点。

图6-1-9　黑白世界——新颖的款式

KNITTING DESIGN COLLECTION

带有十足酷感的气孔的领子是这款运动毛衫的焦点。
采用全开式，由绳子系绑的侧缝设计也颇具时尚感。

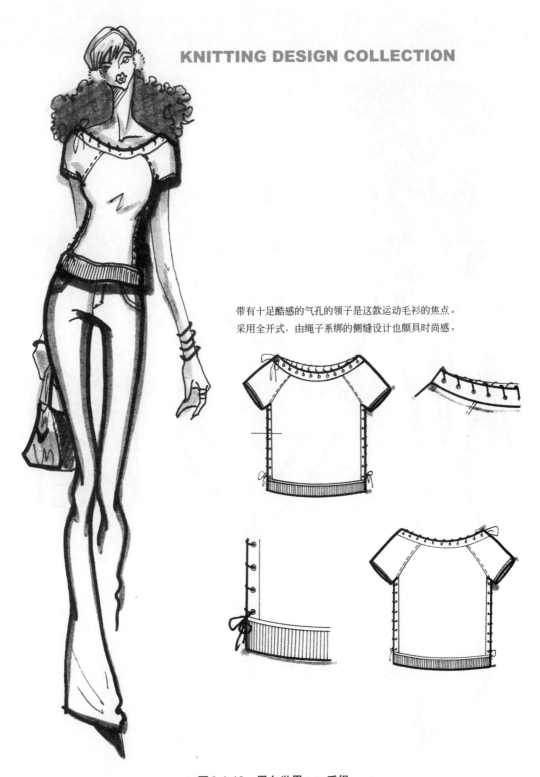

图6-1-10　黑白世界——系绳

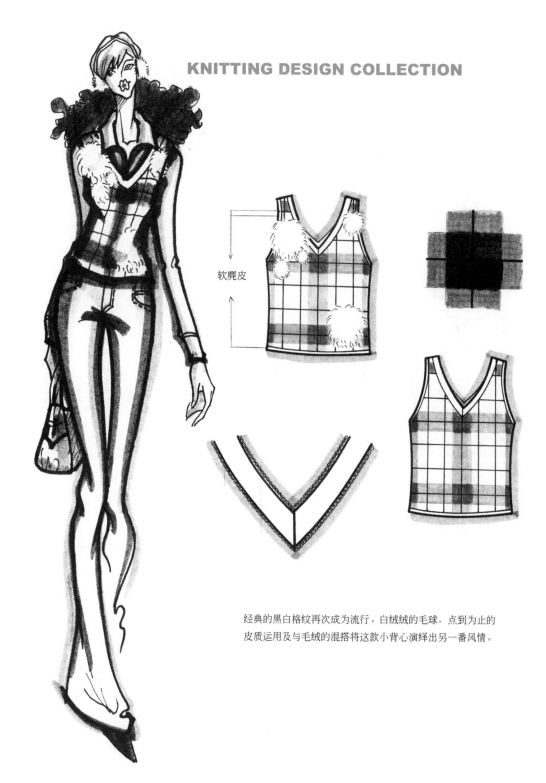

KNITTING DESIGN COLLECTION

软麂皮

经典的黑白格纹再次成为流行。白绒绒的毛球，点到为止的
皮质运用及与毛绒的混搭将这款小背心演绎出另一番风情。

图6-1-11　黑白世界——多种材质的混搭

第二节 • 视觉营销

现代社会是高科技发展的时代，媒体具有不可小视的力量。对于服装企业来说，在做好产品的同时可以很好地利用媒体作为传播，让更多的人来认知这个品牌，从而提高品牌形象和公知力。广告在经济高速发展的今天，以多种多样的形式展现在人们面前，无数的成功案例使我们看到了广告的重要作用。通过运用IMC（整合传播）理论，对高空媒体（央视、卫视等）、横向媒体（权威报刊、广播等）、低空媒体（网络）的综合应用能够巧妙的添补信息缝隙，最终达到宣传效果的最大化。

广告宣传方式有以下几种。

一、广播电视

广播电视广告对消费市场的影响主要表现在两方面。

① 广播电视广告促进一些产品在市场上的销路，从而遏制另一些产品的销路。

② 广播电视广告的影响面要比报纸、杂志广告广，因为广播电视广告能够吸引不同年龄和不同教育程度的受众。

1.广播广告

广播广告在技术上进行突破，采取"市场导向"式的商业化经营方式，及时把所有地点的变动播出。最突出的一点是音色优美，再现"原音"，信息用悦耳的音乐。功能上有最快、最广、设备简单等优势。文化程度低的地区，广告传播效果非常好。播出和收听不受时间、空间限制。还可通过电话连线，直接与观众交流。

语言、音响、音乐是广播广告的三要素。

语言是广播广告最重要的表现手段。广播是诉诸个人听觉的媒体，所以广播广告的语言要求用口语化的短句子，而且要有较强的针对性，以利于理解和记忆，重要的信息要注意重复，以增强记忆效果。

在声音的运用上，要注意与产品或企业的形象相吻合，当一则广告中出现多个人物时，人物的声音要有明显的区别。

音响是广播广告中出现的效果声，即除了语言和音乐以外的一切声音，也包括"无声"，因为"无声"也属于音响效果。在广播广告中，利用音响的特点，可以对时代、地域、时间、环境加以设定，以此增强广告的效果。音响在增强广告的真实感、提高广告的被注意度、建立一个听觉上的识别标志、加强广告的形象化等方面起到不可忽视的作用。

音乐可以增强广播广告的感染力、吸引力和记忆度。它包括背景音乐和广告歌曲两个内容。背景音乐可以表现主题、塑造形象、烘托气氛、暗示产品的出产地、显示时代特征。背景音乐可以专门创作，也可以采用音乐资料。广告歌曲可以增强广告的效果。

2.电视广告

电视广告在所有广告中的地位是众所周知的，无论是受众、影响力、发布费用等在众多的广告形式中都是佼佼者。电视广告是目前国内广告营业额最大的媒介。中央电视台每年举办的央视广告黄金时段招标会，招标总额每次都高达数十亿元，并逐年增高，由此可见，电视广告越来越受到人们的关注。

电视广告的特点有以下几点。

① 媒介受众数量最多。其中，中央电视台节目的观众每天有几亿人，这还不包括省台，不包括国外的观众。中国人均每日收看电视节目的时间为190分钟左右。可见电视广告的受众之多、影响之广。而且，其有效范围非常广，可以覆盖全国，个别的电视台可以覆盖几十个国家。

② 电视广告的另一个显著特点就是时效性非常好，可以及时地传达给广大受众。

③ 电视广告具有声音、图像、字幕等特点，受众可以通过视觉、听觉等多角度接收信息。在众多的媒介中，它的综合表达能力最强，能够把需要展示给受众的各种信息充分地展示出来。

④ 电视机的普及率非常高，深入广大城市、农村的千家万户，今天，每家拥有的电视机数量正在逐步上升，有的家庭拥有两三台。

但是，电视广告也有很多缺点，价格昂贵、制作耗时、被顾客欣赏的概率正在逐步降低，广告内容稍纵即逝等。

各位广告主应该针对所要传达的广告要素的客群，选择与广告要素相匹配的电视节目中的黄金时段的最佳段位来播放广告。这样，广告作用就会相对放大几倍，真正的让电视广告成为培养品牌的最佳摇篮。

二、报刊

1.报纸媒体

报纸媒体曾长期居于广告媒体的首位，一度跌落。

（1）发行方面

发行普遍及时。发行地点明显，便于选择。读者广泛、分层面、适应性强。时效性强。

（2）编排方面

广告和新闻在一起，提高效力。广告改稿与截稿方便。

（3）内容方面

新闻准确受到读者信任。没有阅读时间限制。政府社团利用报纸刊登公告，提高广告的地位与价值。

（4）印刷方面

印刷优良逼真。便于保存。

2.杂志媒体

杂志媒体在平面视觉中排第二。功能有效时间长、印刷精美、广告编排紧凑整齐、篇幅无限制，此外便于保存。

服装杂志有《ELLE》《时装》《装苑》《编织》《时尚》《时尚芭莎》等（图6-2-1）。

图6-2-1　宣传方式——杂志媒体

其他视觉媒体有小册子、函件等印刷媒体。

在服装品牌中，当每一季新的货品上柜就相应的会有一本新品宣传册，方便顾客挑选服装和提升对品牌的认知度，如图6-2-2所示。

图6-2-2　宣传方式——某针织品牌宣传册内页

三、网络媒体

21世纪是一个信息化的时代，网络技术的运用和发展改变了大众对信息的接受方式，更改变了人们的生活、学习、工作方式。在激烈的市场竞争中，众商家也开始逐步利用网络媒体来进行一系列的商业活动，促进销售、树立品牌形象、增强与消费者的深度沟通甚至招商等，如图6-2-3、图6-2-4所示。那么，网络媒体的力量到底有多大呢？其作用又体现在哪些方面呢？

1. 刺激购买欲望，促进销售

网络与其他媒体不同，它可以巧妙地将各种记忆符号进行搭配，通过色彩绚烂的图形、时尚动感的声音、个性化的动画（Flash）等诸多的表现形式把产品的特性表现出来。所以，网络媒体的第一作用就是刺激消费者的购买欲，以达促进销售的目的。同时借助于网络广告的时效性，在进行新品推介的时候，网络的宣传就显得更重要，如 Missoni、Burberry、LV、D&G等这些品牌的广告在网络媒体推出后对销售起到了极大的促进作用。

图6-2-3 宣传方式——Missoni的官方网站

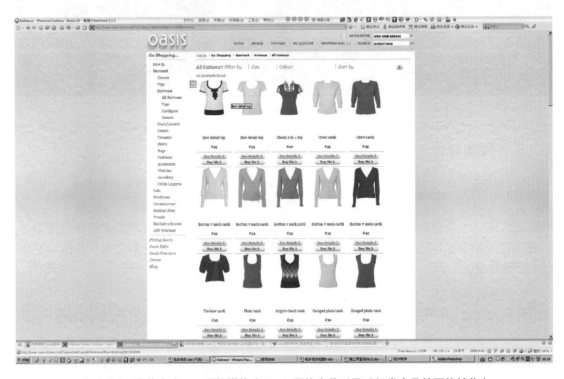

图6-2-4 宣传方式——网络媒体（Oasis网络宣传以及毛衫类产品的网络销售）

2.树立品牌形象

打开Missoni、Burbeery、Max Mara、Vivienne Westwood等国际著名服装品牌的网站，能近距离地感受这些明星品牌的实力与强大。网络品牌是传统品牌的延伸，通过对网络媒体的利用，企业可以进一步的围绕品牌核心价值做文章，为品牌影响力做加法，强化品牌在消费者心中的位置，由缓慢积累向快速应用转移。

3.实现与消费者的互动，增强品牌的亲和力

服装品牌可以选用与其品牌风格相近的明星为其代言，在广告推介活动中，通过互动交流使消费者产生共鸣，最终把名牌形象烙印于消费者的心中。

4.能精确地锁定目标消费人群，为品牌的成长提供更好的空间

网络媒体有别于传统媒体的另一大优势在于它能够有效的锁定目标消费人群。对于上班族来说，每日看电视的时间会很少，但是网络媒体则弥补了这一缝隙。随着办公自动化与网络的普及，上班族来到公司的第一件事情即是登录网站来阅读新闻或收发电子邮件，而这时网络广告能够抢先映入上班族的眼帘，为以后的销售埋下伏笔。

5.节省媒介渠道费用，达到宣传效果的最大化

毋庸置疑，中央电视台是国内最权威的宣传媒体，但是其高昂的费用也令无数企业望而却步。同时，户外广告、权威报刊及广播广告费用也较以往有了较大的提升。而网络媒体的宣传费用较之以上传统媒体来说相对低很多，并且其覆盖面之广、力度之强也是其他传统媒体无法企及的。

四、POP

POP是商品的促销形式之一，在广告媒体发展的历史中是一个新的角色，但却最直接、实用、活泼和多样。

POP源起于美国。因为第一次世界大战后全球经济普遍萧条不振。市场环境也一片死寂，广告费用成为厂商及卖方极大的负担，再加上美国超市如雨后春笋般的兴起；因此，在经济迅速机动性以及人力的考量下，POP式的广告逐渐攻入广告市场，节庆、拍卖、店面布置都少不了它（图6-2-5）。

图6-2-5 POP广告招贴

近年来，由于日本引进店头展示的行销观，店家们开始重视门面的包装，而店面上出现大量以纸张绘图告知消费者讯息的海报出现，有大量印刷的或是手工绘制的，形成一波流行的潮流。

1.POP 的概念

POP是英文 point of purchase 的缩写，意为"卖点广告"，其主要商业用途是刺激、引导消费和活跃卖场气氛。POP本来是指商业销售中的一种店头促销工具，其型式不拘一格，但以摆设在店头的展示物为主，如吊牌、价目表、海报、橱窗海报、小贴纸、大招牌、实物模型、旗帜、展板、店内台牌等，都林立在POP的范围内。POP的中文名字又名"店头陈设"。常用的POP为短期的促销使用，其表现形式夸张幽默、色彩强烈，能有效地吸引顾客的视点并唤起其购买欲，作为一种低价高效的广告方式已被广泛应用。

2.POP 的分类

POP宣传品的种类相当丰富，除了现有的人们熟悉的形式外，新的样式、种类还在源源不断地涌入广告表现的行数，因为市场的需求没有停滞，现代科技日新月异，营销的创意不断迸发。而商场是商品与消费者相聚的最后场所，也是商家不能不投足精力最后一搏的地方。因此POP广告的重要性不言而喻。

从目前的市场上来看，常见的POP样式包括了以下几个大类。

（1）招牌POP

在店堂大门上设置的如电动字幕、幕布、旗帜等广告形式。

（2）柜台POP

在店堂内柜台上摆放的产品广告和销售信息。内容包括新品上市、使用指导、礼品发放等。

（3）陈列或橱窗展POP

利用店堂内部空间或橱窗的设置展示架构或立体形态，包括动态和静态两种形式。

（4）壁面式POP

直接粘贴在墙面、立柱、橱窗玻璃、柜台等壁面的平面广告。

（5）悬挂式POP

利用悬挂物件如气球、吊旗、包装空盒、装饰品等传递广告信息。

（6）动态POP

将广告造型借用电动机等机械设备或自然风力进行动态展示，特别能够刺激消费者的视觉反应。

（7）包装POP

带展示性的包装设计完成后，经开启或适当变化，可作为小型展架对商品进行展示。

（8）光纤、电脑字幕、电视墙或多媒体、激光影像光源POP

可将广告图形、内容流动变化，增强视觉效果，也是借助现代科技手段的明显例证。

3. POP 的发布缘由

发布POP广告的缘由很多，但也不外乎下面几种。

① 新产品发售时，用做促销的POP广告。

② 因季节性销售策略而启用POP广告发布信息。

③ 若有赠品附送时，辅以POP广告强调说明，引起注意。

④ 扩大商品销售时可制作相当的POP广告。

⑤ 为现场展示活动营造气氛的POP广告。

⑥ 为店面橱窗中制作POP广告。

⑦ 在庆典活动时，POP广告也可以大展身手。

⑧ 为促销而进行的咨询活动，也可利用POP广告制造醒目、招摇的现场气氛。

⑨ 商品展出时，POP广告是另外一类主角。

4.品牌促销打折时POP的运用

每一次打折的季节，都是消费者的狂欢节，但对于品牌经营者来说，打折促销就如同一个鸡肋，一方面打折促销可以迅速减少库存，回笼资金；但另一方面，打折也在一定程度上损伤了一部分品牌的形象。于是如何做好每次的打折促销活动，已成为每一年终端销售重要的一环。在这个关键的时候，POP这种视觉营销成为最好的解决"良方"。巧妙地运用POP，能给商家带来利益。

5.品牌视觉营销成功案例

（1）Oasis：简洁也有魅力

在欧洲，Oasis是知名度很高的女装品牌。图6-2-6为英国品牌Oasis专卖店。Oasis品牌1991年创立于英国，2004年Oasis在中国的第一家专柜于上海闪亮开幕。Oasis品牌服装的设计风格时尚、偏年轻化（图6-2-7）。

图6-2-6　Oasis的打折促销活动

在这一季的打折促销活动中，Oasis采用了简洁的圆形和打折的英文相结合的海报，色彩上采用了比较年轻的、女性化的粉红色和白色的组合与品牌的风格相呼应。在打折的时期顾客对价格的反映是最为直接的。Oasis视觉设计师和营销人员在这方面进行充分的探讨，在店铺中设立价格导向牌，色彩和造型上延续了门口海报的圆形造型元素以及粉色，使之在视觉上贯穿了整个卖场。在价格的处理上，采用整数的5、10制，门口采用低价位里面采用高价位。

图6-2-7　Oasis主打针织服装产品

（2）MORGAN：绽放红色激情

MORGAN在法语里意为"为爱疯狂"。1967年，MORGAN由一对经营了20年内衣的姐妹（OCELYN和ODETTE）创立。而今MORGAN已转型成为世界品牌，分布于43个国家，超过400多间店铺，为18～35岁的女性服务。MORGAN每季最少有400多种款式，以满足不同市场的需要。MORGAN的设计风格也如同品牌名字一般热情、奔放、性感（图6-2-8）。

图6-2-8　MORGAN店铺的橱窗

这一季MORGAN店铺的橱窗里贴着两张大型的打折海报，"SALE 1/2"又再次被一张斜贴"up to 65% Off"的字样覆盖，让顾客再次看到，商家的让利热情。海报和橱窗模特服装的色彩之所以采用鲜艳的红色，不仅因为红色最容易被顾客关注，同时也因为红色是MORGAN的标志色，如图6-2-8所示。橱窗里一个穿着特制"SALE"字样T恤的模特增加了整个橱窗的视觉冲击力，色彩同样是鲜艳的红色，如图6-2-8所示。这些都让我们了解到MORGAN在产品设计阶段就已经开始对打折促销时卖场视觉形象进行规划。走进MORGAN店铺内，货架上插满了红色的价格引导牌，并贯穿全场。为了吸引门口的顾客进入，折扣较大的产品被放置在门口显眼的位置。

（3）MANGO：组合吸引眼球

MANGO非常重视产品形象的宣传，该公司每年斥资超过14亿美元进行宣传。并坚持全球各地的旗舰店、门市、甚至店中店都要与其品牌形象一致，让消费者拥有实时流行的前驱感。促销就是要更多地吸引顾客上门，而色彩就是吸引顾客的一个很重要的要素。要想让色彩吸引顾客，不光色彩搭配的要鲜艳，同时还要有独特性。如果在整条街上的品牌都用同一种鲜艳的色彩，同样不能受到关注。MANGO这季促销橱窗设计采用了绿、蓝、黄三种色彩，与简洁的平面构成设计结合，使MANGO的专卖店能够从整条街中脱颖而出，如图6-2-9所示。

图6-2-9　MANGO毛衫系列

五、促销方法

每到换季的时候，各大服装加盟店就开始忙碌起来，纷纷进行促销活动，服装加盟店该怎么进行促销活动呢？一般直接有效的促销策略有以下十种。

1.返现

返现就是终端店在促销时，规定买满多少金额，现场返还一定额度的现金，比如买满200元返20元，如同打9折。这种促销手段商场用得比较多，因为是直接用现金返还的，所以吸引力较大。但是在制订促销时，要注意返现的金额，既不超出限制，又能有吸引力，因此，制定合理的返现金额是十分重要的。

2. 限时抢购

限时抢购在商场用得比较多，对于比较大的店铺里也可以用，可以提前二天左右进行宣传，可以提前挂上宣传横幅，真正促销时间可以限时一天，一般产品折扣都比较低，要把新产品、正价产品暂时收柜，消化库存产品，如果数量不多的话可以继续向公司申请，以达到一定的影响力，找一个较好的主题，如全场装修、门面拆迁、店庆等。

3. 抽奖促销

抽奖促销是指利用消费者追求刺激和希望中奖的心理，以抽奖赢得现金、奖品或者商品，强化购买某种产品的欲望，对销售具有直接的拉动作用，可以吸引新顾客尝试购买，促使老顾客再次购买或者多次重复购买，达到促进产品销售的目的。

抽奖促销是在日常生活中最常见的促销方式。无论是大品牌，还是新进入市场的品牌，抽奖促销都是屡试屡爽的促销方式。

4. 特价周期

固定的促销时间，让消费者形成一种习惯，以特价为主，比如每周六特价促销日，比如每月特价专场，把正价产品入库，促销结束后再全部更换产品，做好陈列，以消化库存为主。对于比较大的店铺来说库存也比较大，特价专场就可以很好地促进库存产品销售速度。

5. 折上折

有的商场实行4折销售，却是用另一种方式如5折再8折，吸引了更多人购买，这是抓住人喜欢优惠多的心理。店铺也可以借用，比如会员可以折上折，比如买满多少还可以再9折。

6. 直接打折

在短期内可以快速拉动销售、生效快，增加消费者的购买量，对消费者最具有冲击力和诱惑力，直接打折在促销中是最常见也是最有效的促销策略。

在市场诚信度不高的情况下，到处是促销，到处都充满着消费陷阱，面对纷扰的市场环境，作为消费者，有时分不清真伪，面对众多的促销活动有点无所适从。因此，在这样的大环境下，进行货品打折，是最直接的方法，也是消费者最容易接受的方法。缺点是不能解决根本的营销困境，只可能带来短期的销售提升。

直接打折不能解决市场提升的深层次问题，同时，产品价格的下降将导致企业利润的下降，并且，产品价格一旦下降，想要恢复到以前没有折价的水平，可能性就非常小。乱打折会打击消费者对品牌的忠诚度。

7. 买赠

从维护形象的角度看，买赠更体面些，送赠品可以创造产品的差异化，是一种常规性的促销手段，具体做法是买满多少金额的货品，赠送相应的物品，以达到增加销量的目的。

选择赠送的礼品时，要考虑这一消费群体的喜好，送一些女性用品，如丝巾、雨伞、袜子、肩带、洗衣袋、洗衣液等。在做这类促销活动时，应特别注意，礼品一定要精致，因为相对来说，赠送的礼品的金额不大。如果因此而采购一些质量不好的礼品，对于促销活动、对于企业品牌都是形象上的损害。

8.会员促销

目前，开展对会员促销的店铺越来越多，通过买一定金额可以达到什么级别的会员，不同级别的会员可以享受正价产品的折扣，这是长期的。还有对会员的其他促销，比如对会员提供一款特殊价格的产品或礼品，每个月有固定的时间对会员进行促销，可以是特价，可以是送赠品，也可以是免费送小礼品做服务，如果会员很多的商家还可以做会员促销专场。

9.节日促销

中国节日比较多，都是搞促销的好理由，如元旦、情人节、三八妇女节、国庆节、母亲节、教师节、端午节、春节等。因为在这段时期，消费力量激增，是销售的黄金时期。每个店铺都想抓住这些契机，抢占市场，竞争的花样也是多种多样，可以打折也可以送礼品。配上促销宣传，门口的横幅要显眼，加上会员促销短信效果会更好。

10.消费券

消费券促销，不单在节假日可以做，在平时也可以做。这也是提前完成消费者竞争的一个方法，如果需要消费时顾客可能直接来有消费券的店，这也是对竞争对手的打击。可以印刷消费券，折扣根据促销计划定，但不能伤害到会员的感情，比如消费券一件七点五折，会员才八点五折，就不合适。

还可以到有关的单位发放，也可以在联合其他店铺促销时用，最好有指定的地点，有针对的顾客群。

第三节 ● 店铺（卖场）陈列

一般把商品的展示活动称为 Display、Showing、Visual presentation 或 Visual merchandising presentation，中文称之为陈列，这种称呼会随展示目的、展示方法以及购物方式的不同而变化。

店铺陈列是指把商品及其价值透过空间的规划，利用各种展示技巧和方法传达给消费者，进而达到销售商品的目的。

在早期商品供不应求的时代，根本不必考虑商品展示的创新，只需整齐摆放，准备足够存货量就足够了，展示活动也不必考虑商品分类。而如今商品供应量大增，消费市场成为买方市场，消费者有随意选购商品的权力，人们更专注于店铺的商品展示。店铺陈列必须能够提供给消费者选择、比较商品的机会，以达到建议及说服消费者购买商品的目的。因此，商品陈列观念有了大幅度的改进和发展。

目前，商品展示设计已由定点式的商店设计、橱窗设计，延伸为集中式、机动式的大型展示活动，可以通过适当的商品展示地点、时间和商品的价格，进行有系统、有组织的销售活动，引发消费者的购买欲望，以促进商品销售及品牌推广。

店铺陈列所展示的企业形象包含的内容有以下几点。

① 综合形象：经营效益、企业管理、基础工作。

② 产品形象：包装装潢、产品质量、新产品设计开发。

③ 个人形象：管理者、员工的职业素养的培训、提升。

④ 服务形象：服务效率、服务技巧、服务态度。

⑤ 店铺形象：店铺外观造型、设施设备、店铺陈列、购物环境、

⑥ 视觉形象：标志、标准字体、企业形象标志（如吉祥物等）、口号等。

⑦ 应用系统：办公事务、办公环境、交通运输、广告、网络传播等。

品牌的店铺陈列是经营者与消费者之间信息传播及沟通的最直接的桥梁。

一、基础性的陈列元素

1.整体的品牌定位，品牌风格

企业文化是20世纪80年代企业管理思想的产物。被人们公认为是现代企业管理的有效模式，它是指在一定的社会历史条件下，支配企业及其职工在从事商品生产、商品经营时，在自然求索同社会交往中所持的理想信念、价值取向、行为方式和道德、准则等。它作为一个特殊群体的存在模式，其生存与发展方式通过企业的生产经营、组织和活动，体现企业的整体思想、心理和行为方式。它是现代企业在经营和管理活动中所创造的精神财富及物质财富的精髓，是企业所特有的传统和风气，成为一代又一代企业员工内化了的精神气质。

不同的企业，其企业文化的内涵也不尽相同，这是因为同业间各企业价值取向不同，导致了经营方向、经营形式、经营业绩以及所传递出的企业形象不尽相同。所以在实施商品展示陈列前要切实了解品牌的企业文化、品牌风格、定位等。比如，NIKE从一个名不见经传的运动服饰品牌，发展为世界名牌，它的成长从根本上说，也得益于它"以顾客的物质需求和美学需求为导向"的文化。再比如佐丹奴品牌，定位在18～25岁的年轻消费者，他们喜欢新奇、现代的事物，跳跃靓丽的色彩，因此在商品陈列时就要充分体现这些风格来迎合消费者（图6-3-1）。

图6-3-1　佐丹奴多彩的针织毛衫系列深受年轻消费者的喜爱

2.店铺中的服装

服装产品是陈列的起点和构成基础，同时也是店铺陈列的最终目的。服装产品包括色

系、款式、功能、商标、质料、设计格调、价位、工艺、规格、产地和工序等。整个陈列展示就是要有针对性地突出服装产品的某一特点，最终达到将服装卖点凸显出来的目的。

3.店铺中的服装货架与宣传品

服饰陈列货架是现代商品展示设计不可缺少的一项，如果没有它，商品的个性必无法表现，甚至在众多商品的叠置中消失。所以，如何做好商品展示，货架的配合是不容忽视的，商品展示中的货架可分为两种，一种是完全为展示商品而做的货架；另一种是强调商品的同时也展示自己的货架。

店铺的宣传品是品牌最直接、最有效的广告。其样式在发展过程中不断完善、更新、丰富，因而充满了活力和魅力。在日趋激烈的市场竞争中，在营销手段的变幻中，品牌宣传品以自身无限的创意和所能够营造出的特殊卖场气氛，吸引着消费者，也撞击着设计者的灵感。宣传品不仅是商品销售的辅助工具，更是设计师创意的媒介物，它拥有生命力，包含了美的意味和艺术的情愫。

4.店铺的空间环境

如果在店铺施工之际还毫无计划，那么不仅店铺形象不易展现，而且容易造成橱窗与卖场气氛的不协调。因此必须考虑的要点包括：顾客动向、店铺门面形象、入口规划、色彩搭配、照明、主通道动线规划等要素。

二、货品陈列的方法

店铺陈列的核心是以服装为根本，然后将它们以销售为目的进行合理地系列组合、编排，进而实现吸引顾客眼球的目的。

1.AIDMA原则与陈列的配合

AIDMA是5个英文单词的首字母，指陈列时要考虑的五项要素，它们是：引起注意（ATTENTION）、产生兴趣（INTEREST）、购买欲望（DESIRE）、记忆认同（MEMORY）、购买行动（ACTION）。商家只有结合这五项要素进行店铺陈列，才能创造出具有营销力的店铺陈列展示效果。AIDMA要素与陈列的配合如图6-3-2所示。

顾客购物过程要素	店铺陈列展示重点	视觉表现重点
引起注意（ATTENTION）	强调店铺品牌形象的塑造，橱窗、模特、样品的展示	新鲜度、色、光的灵活运用
产生兴趣（INTEREST）	卖场规划、通道设计、货品的有序陈列展示	顾客易进入、易观看及易选择货品
购买欲望（DESIRE）	POP的运用，价格清晰地展现在眼睛的上方，在售卖空间做有变化的陈列	有意识地表现设定主题
记忆认同（MEMORY）	背景音乐、创造快乐的气氛安全感、舒适性、接待	顾客对品牌及产品的认同

图6-3-2　AIDMA要素与陈列的配合

2.店铺陈列的配置

（1）货品的分类配置

商品的种类既多又杂，同类商品中又可分成许多不同款式的商品，如何将这些商品推介给消费者，则是商品展示设计需要探索的课题之一。

商品展示除了商品本身应该力求美感之外，商品的配置也是极重要的（图6-3-3）。如今，商场和消费者之间的关系已由卖方市场转为买方市场，商品陈列大都采用开架方式，使消费者可以根据自己的意愿挑选商品，店面的销售人员仅起服务作用。这样的改变，已渐渐受到广大消费者的认同，而商品展示设计也需要配合这种趋势。把商品特色用最经济、最简便又最节省时间的方法介绍给消费者，使消费者能对商品产生深刻的印象，进而产生购买的欲望，是可以利用商品分类和配置可以达到上述目的的的。

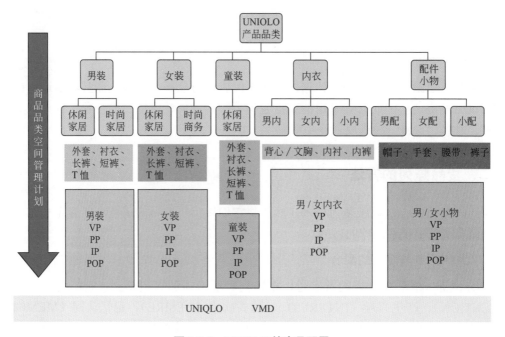

图6-3-3　UNIQLO的产品配置

超级市场、商场、百货公司等陈列的商品中，包括了热销商品和一般商品，所采用的展示方式，也是以分类陈列为主要架构，以吸引消费者，使得消费者能在短暂的时间内选到自己需要的商品。待售商品要配置得好看又容易选取，首先要求店内商品种类齐全，然后再用分类配置展示陈列商品。分类时，必须考虑方便消费者的习惯，也就是让消费者容易看清商品、容易选取商品。商品经过分类配置之后，对店铺而言，可以降低商品管理费用，每日盘存可以及时获知存货数量。对消费者而言，正符合了快节奏的生活方式，以节省购物时间。

陈列方式要让消费者容易辨别商品，必须注意到商品正面的视觉效果，同时也能使消费者易于辨认商品的颜色、造型、规格等分类重点。现将分类的重点概括为以下几点。

① 按商品的色彩分类。用色彩陈列的方法有两种，一种采用明度分类法，另一种则采用色相分类法。用明度分类，可以把颜色明亮的商品排在前方，面对消费者；暗色调的商品排在后方，使其产生明暗的层次。用色相分类，由左向右从浅色排到深色（或由低彩度

排到高彩度）或从暖色调排到冷色调。颜色分类的重点是要让消费者方便选购，并且制造出最适合该商品的配色方式，至于配色方式是否适当，配置是否优美，要视实际需要决定。

② 按商品的造型分类。把相同形式的商品归属一类，例如将同款式的服装放在一起，可以让消费者直观地看到自己所要的款式，既方便又具有可比性。

③ 按商品的规格分类。按照尺码规格排列，可以使消费者一目了然，随手选出自己需要的尺码。

商品分类仅属陈列的一部分，至于这些分类商品如何配置于展示空间内，是不可忽视的陈列知识。配置商品时必须考虑整个场地，仔细地规划店内通道和动线以及相邻商品是否与动线关联。另外，在配置时，也要考虑消费者的心理、生理上的需要。前述色彩的排列和规格的排列，会使我们产生渐变的感觉，这种现象形成视觉上强有力的印象，给人有律动感和整齐划一、舒服的视觉享受。

（2）货品的容量配置

① 商品的容量为零售环境中各区域合理的货品承载量。

展示容量，指的是单位展示区域内陈列、展示的商品量是否合理，过多、过少都影响商品陈列的美观性。

库存容量，指的是零售店铺内必备的库存量。

货品流转周期容量，指的是店铺内某推广、陈列时段内货品合理的销售量和常备的库存量。

② 商品容量计划的目的。

有效的商品容量能高效地利用空间，陈列符合消费者购物要素的展示。

减少库存积压，降低损耗，完善货品的流动过程管理和货品预订系统。

③ 商品配置比例。

合理的比例配置有利于完善系列产品展示的整体形象，掌握销售节奏，突出主题和焦点，适度调整布局并把握销售趋向，最大限度开发销售潜力。

商品配置比例包括以下几个方面。

① 产品开发中各品种搭配比例，如上装和下装量比、下恤衫和外套量比等。在产品开发时就要积极考虑店铺的货品承载量，设计产品在店铺的陈列展示计划。

② 店铺道具和宣传品与货品陈列所占空间的比例一般情况为2：8。

③ 店铺展示的货品容量与库存的货品量的比例一般情况为6.5：3.5。

三、店铺的动线规划与通道设计

按照商品的种类、顾客购买的时限和商品的生命周期，设计引导消费者在卖场的活动方向路线，如图6-3-4所示。

（1）动线规划要重点考虑的因素

① 消费者在卖场内的停留时间。卖场的动线设计，需要让顾客在店内尽量多停留。

② 停步部分和移动部分的通道范围。顾客停步的空间要大，方便选择商品。移动部分货品的陈列要具有吸引力，多放置模特及挂样展示。

③ 顾客流动的方向（自动梯、电梯、楼梯的位置）。最好直接通向主通道的入口，并陈列具有魅力的卖点商品，以吸引更多顾客。

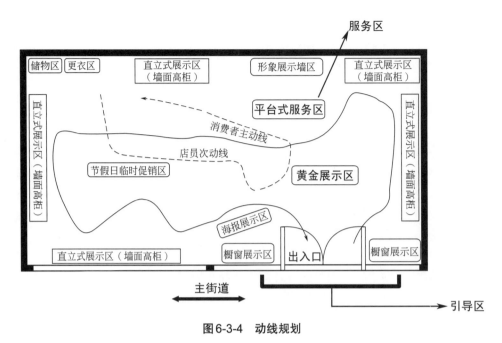

图6-3-4　动线规划

　　④ 环境要舒适，不要给人疲劳厌倦的感觉。设施和壁面的距离是否适合顾客的正常行走活动；地面材料不能太单调或太复杂；地面和商品的颜色要和谐。一般地面的颜色和商品的颜色要有一定的反差以强调商品。

　　⑤ 安全防灾设施要完善。

　　（2）卖场通道的设计

　　① 决定主通道。为了让顾客浏览到卖场的所有角落，主通道必须先确立，顾客习惯浏览的路线即是店内的主通道。大型店铺为井字或环形。小店铺为L或反Y字形。主打产品应陈列摆放在主通道的货架上，使顾客容易看到、摸到。

　　② 设定副通道。一般副通道由主通道引导，使顾客到达不同的商品区域，副通道的数量和形态不定，依照店铺的个别需求及空间决定。

　　③ 付款动线与通道。一般将商品区与收银柜连接，将收银柜作为动线的收尾。其他如照明设备、标志、色彩、美化陈列设备（如展示桌）等，不影响整体的店面空间设计。

　　依照主、副通道的方向将主力商品、辅助商品及其他类型的商品区分排列。

　　规划货场时应考虑把正价货品和促销货品分区摆放，避免影响正价货品的销售。

四、店铺的照明设置

　　光线是营造展示陈列效果最重要的因素。因为冲击人视觉感官的展品，必须通过光线照射才能看到，而对于服装专卖店的展示陈列而言，光的作用远不仅仅是单纯地照亮物体，满足人的视觉功能需要，还要创造空间、美化环境、追求完美的视觉形象。

　　光可分为自然光和人造光两种类型。由于自然光有不同时间段的变化，光线的移动难以维持正常的光照质量要求。因此，对于服装展示照明，一般使用人工照明以达到固定不变的光照效果。人工照明有易分布和易配置的特点，它可根据照明的要求，借助于反射器、折射器、挡光板和扩散材料等专业设施来控制和调节光源、光量、光质，以获取所需的各类视觉形象效果。

（1）采光的原则

在服装专卖店的光环境的设计中，照明光源的选择十分重要。光源的颜色、质量常用两个性质不同的术语来表现，一是光源的色表，二是光源的显色性。色表是指灯光的表面颜色；显色性则指对灯光所照射物体颜色的影响作用。

对于服装专卖店的灯光颜色，最重要的是要正确地表现出商品本身的色彩，做到"忠实显色"。像白炽灯、日光灯、碘钨灯、镝灯等光源都具有较好的显色指数，完全可以用于服装照明。

服装色彩同服装的面料、款式一样，无疑是人们最挑剔的地方。特别是高档服装，差之毫厘的色彩感觉都会成为影响购买的因素。人们常有这样的经验，在店内购买的服装，到了室外，色彩就发生了变化。事实上，对于冷色系或暖色系的服装，即便是采用显色指数很高的白炽灯和白色荧光灯来照射，其效果也会有差异。因此，在条件允许的情况下，应充分注意服装色彩与光源的关系。总体上讲，为了突出展品，通常采用两种方法来表现其色彩，一种是忠实显色，即通过显色指数高的灯光来正确表现商品的色彩；另一种是效果显色，可以通过微妙的色光效果更鲜明地突出商品的特定色彩。

（2）采光的形式

人工采光是以灯具来实现具体的照明要求的。因而控制和分配灯具的灯光，是获取所需的光分布和取得采光效果的途径。在服装店照明布局中，一般应设置三种照明形式。

① 基本照明，它是保证店堂内基本明暗效果的照明（图6-3-5）。这种照明往往采用光源扩散性的照明方式，其特点是光线分布较均匀，以保证店内的基本亮度。常用的有基本照明、嵌入式照明、直接吸顶式照明。

图6-3-5 国外某著名针织品牌专卖店内的基本照明

② 局部照明（也称重点照明），即用强烈的光线投射主要展品或展品的某一部位，使之产生亮部和阴影的强烈对比，形成明显的立体感或存在感。如店中的人台、品牌标志、主题标牌等即可用此方法来强调（图6-3-6、图6-3-7）。

图6-3-6　体现针织毛衫的特性而采用局部照明　　　**图6-3-7　模特出样采用局部的重点照明**

③ 装饰照明，即利用五彩斑斓的装饰光线，丰富展示空间的色彩层次，营造某种戏剧性的采光气氛和特殊的视觉效果，增强展品的吸引力和感染力。

（3）采光的技巧

在服装展示中，美妙的照明效果是以适合的照射角度和受光正面与背面的明暗差为条件的。从照明区分布来看，照射角度可分为顶光、底光、顺光、侧光、逆光等，它们各自具有不同特点。一般而言，对于人台陈列或立体展品的采光，通常的手法是将光线置于物体的前侧上方，灯光照射角度在45°左右，并使受光与背光面积的比率在1：3～2：3之间，这样不仅能取得较好的明暗面积对比关系，也能使投影明确、层次丰富、立体感强，完美地呈现物体的形象。

对于一些平面性较强、层次较丰富、细节较多、需要清晰展示各个部位的展品来说，应减少投影或弱化阴影。可利用方向性不明显的漫射照明或交叉性照明，来消除阴影造成的干扰。同时，为了提高照明质量，保证展示陈列的最佳效果，还必须设法控制眩光。如采取遮挡措施，避免光源裸露；增大光源与视线的角度，减少背景与物体的亮度对比等。照明效果可通过如主光、辅助光、装饰光、造型光、气氛光等不同的照明配光方式来获取。对于服装专卖店的光环境而言，应在共性照明基础下，努力追求个性的、富有艺术表现力的样式，以使其具有鲜明的视觉效果和独特的魅力。

照明往往因店铺的地理条件或商品类别而各有不同。在此，介绍商店、百货店的照明基准，不过，这只是参考，仍需配合实际情况，拟定照明计划。

假设店内的平均照度为1，则装饰柜、展示室为店内照度的2～4倍；橱窗陈列面为店内照度的2～3倍；陈列柜、陈列台为店内照度的7.5～2倍；店头为店内照度的2倍。

关于卖场的亮度分配，以店头为重点，用以吸引人们的注意力。其次，诱导顾客进入店内的亮度适当即可，而陈列台、中央柜也可以采用相同亮度。

五、店铺的音乐、视频的气氛烘托

随着服饰零售市场的竞争逐渐加剧，品牌形象的展现变得多姿多彩，各种宣传品牌文化与理念的手段层出不穷。高科技与多媒体在店铺中的应用尤其受到品牌店铺的欢迎。

店铺背景音乐、视频使用的目的有以下几点。

① 塑造店铺的营业气氛。
② 缓解顾客情绪。
③ 营造购物氛围。
④ 对品牌文化的宣传。

六、针织品牌店铺实例

1. Missoni 品牌介绍

创始人 Ottavio Missoni 和 Rosita Missoni 1953 年在意大利瓦雷泽创立米索尼，由他们俩任设计师，用他们的艺术天赋造就了今天著名的米索尼。以针织著称的米索尼品牌有着典型的意大利风格，几何抽象图案及多彩线条是米索尼的特色，优良的制作、有着强烈的艺术感染力的设计、鲜亮的充满想象的色彩搭配，使米索尼时装不只是一件时装，而更像一件艺术品。

Missoni 的针织服具有一种影响世界时装的风格，是一个家族以时尚和工艺表达完美爱意的特殊标志。Missoni 服装的色彩由一家之长的 Ottavio Missoni 负责，他常在工作室里连续几小时琢磨着各种色调的小纸片，手边是几百种软笔、铅笔、饰带和色卡。他把各种颜色组合成不计其数的梦幻彩虹色调系列，他的设计得益于即时灵感与数学逻辑，偶尔也会借助机器来配色。

2. Missoni 店铺陈列

人们关注一个商品的时间通常为 5～7 秒钟，在这短短的时间里，对 70% 决定购买商品的人起到首要决定因素的就是产品的视觉表现力。随着现代商业的繁荣，商品陈列设计已经成为一门视觉学科和空间科学技术，并为商业带来了巨大的价值。下面是国际著名针织品牌 Missoni 的店铺陈列的表达方式。

日本东京是各大国际品牌云集的时尚之都，图 6-3-8～图 6-3-10 是位于东京青山道 Missoni 店

图 6-3-8 Missoni 店铺的橱窗 1

铺的橱窗陈列。橱窗对于品牌专卖店来说，好比于眼睛对于人，其重要性不言而喻，也是吸引消费者的第一步。而橱窗的形象好坏，取决于两方面，一是硬件设计，二是软件维护。对于大品牌Missoni来说硬件肯定是一流的，店铺的选址、宽敞的空间、明亮的灯光。因此它的软件维护是值得学习与分析的。

图6-3-9　Missoni店铺的橱窗2　　　　　　　图6-3-10　Missoni店铺的橱窗3

① 服装模特的陈列。从Missoni东京店的橱窗陈列可以看出模特上的服装几天就会更换一次，摆放错落有致，这样就会使顾客保持新鲜感，吸引人流入店。

② 陈列什么样的货品。Missoni每次都会选择最新潮流的服装呈现给消费者，当然其特色的彩条、条形花纹、锯齿形花纹、毛衫都是主打产品，同时也提升了Missoni的品牌形象。

③ 细节不容忽视。Missoni专卖店的营业员每天都会检查衣物是否清洁、整齐，其推广宣传牌位置是否妥当，这些细节是品牌形象的关键。

图6-3-11　Missoni店铺的内部陈列

Missoni店铺内的陈列可以用简洁、宽敞、整齐、温馨、舒适来形容。宽敞简洁的购物环境是该品牌的一大特色，使消费者置身其中既是购物又是享受。店铺内服装整齐地排列，突出服装的量感，从而给顾客一种购物的刺激作用。如图6-3-11左上角将整套服装完整地向顾客展示，将全套服饰作为一个整体，用人体模型从头至脚完整地进行陈列。整体陈列形式能为顾客作整体设想，也便于顾客的选择与购买。

第四节 ● 销售服务

"服务"这一概念的含义可以用构成英语Service（服务）这一词的每一个字母所代表的含义来理解，其中每一字母的含义实际上都是对服务人员的行为语言的一种要求。第一个字母S，即Smile（微笑），其含义是服务员应该对每一位宾客提供微笑服务。第二个字母E，即Excelent（出色），其含义是服务员应该将每一个程序，每一个微小的服务工作都做得很出色。第三个字母R，即Ready（准备好），其含义是服务员应该随时准备好为宾客服务。第四个字母V，即Viewing（看待），其含义是服务员应该将每一位顾客都看作是需要提供优质服务的贵宾。第五个字母I，即Inviting（邀请），其含义是在每一次接待服务结束时，都应该显示出诚意和敬意，主动邀请顾客再次光临。第六个字母C，即Creating（创造），其含义是每一位服务员应该想方设法精心创造出使顾客能享受其热情服务的氛围。第七个字母E，即Eye（眼光），其含义是每一位服务员始终应该以热情友好的眼光关注顾客，适应顾客心理，预测顾客要求，及时提供有效的服务，使顾客时刻感受到服务员在关心自己。

商品销售活动是零售企业经营活动的中心，因此可以将零售服务依据向顾客提供时所处时间段的差异，大致分为售前服务、售中服务和售后服务三类。从内容上讲，零售服务体系就是由售前、售中和售后服务构成的体系，如图6-4-1所示。

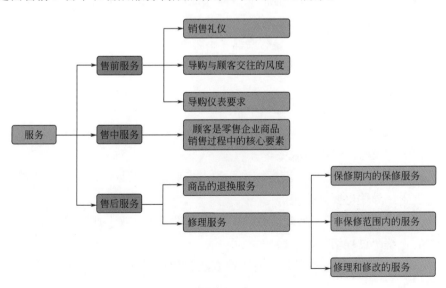

图6-4-1　零售服务体系的构架图

一、售前服务

所谓售前服务即是指开始营业前的准备工作。门店的许多服务项目在顾客购买商品过程开始之前就已经进行了精心的准备与安排。广义的售前服务几乎包括了除售中、售后服务以外的所有商品经营工作。从服务的角度讲，售前服务是一种以交流信息、沟通感情、改善态度为中心的工作，必须全面、仔细、准确和实际。售前服务是零售企业赢得顾客良好第一印象的活动，应当热情、主动、诚实、耐心，且富有人情味。

美国和德国的一些服装店，还向顾客推出了形象设计服务。店里专门聘请形象设计专家，为每位前来的顾客进行形象设计。由专家根据顾客的身材、气质、经济条件等情况，指导顾客该买什么样的服装，配什么样的领带或饰物，头发做成什么式样才与服装、身材最为相称，以及何种款式及颜色的鞋，方能相得益彰等。这样就使得服装以及各种配套物品最能体现顾客的优势。这一服务措施出台后，一时间顾客如云，并且大都是服装、饰物整套购买，生意大火特火起来。这项售前服务设身处地为顾客考虑，投其求美的心理，从扬长避短、掩丑显美入手，有效地调动了消费者的购买欲望。

售前服务主要是指在店铺内服务员帮助顾客挑选服装的导购行为。导购的礼仪是指在销售的过程中所体现出来的礼节、礼貌以及注重个人仪表、仪态的良好反映。它不仅能反映出导购的个人素质，包括文化教育水准和道德修养，还在于它反映了一个公司的管理水平和品牌形象。同时导购注重礼仪不仅是尊重顾客的需要，也是导购自尊自爱的表现。

（一）销售礼仪

销售礼仪主要是指导购在销售的过程中所体现出来的良好的言行举止，以让顾客感受到一个舒适、轻松的购物环境。要求导购做到以下几点。

① 对顾客、同事、上司以及其他职员要有礼貌，在专卖店见到任何人都要微笑，并说"您好"、"早上好"等问候语。

② 顾客对导购说"谢谢"时，导购要说"不客气"。

③ 工作其间离开专卖店时要向店长请假，如店长不在要向其他店员打招呼或相互通知一下。

④ 见到顾客折叠衣服时，要立即给予帮助。

⑤ 顾客有需要帮助时，或有顾客进入专卖店时，要暂停自己的工作，在第一时间招呼顾客，留心倾听并及时提供优质服务。

⑥ 如果顾客对本店的货品不满意，也要说"多谢您的意见，请下次光临惠顾"；即使顾客态度不友善，导购也要有礼貌。

⑦ 导购为顾客寻找所需商品时，必须要小心处理商品，双手把商品拿出，并双手将商品递交给顾客，整个过程切勿单手操作。

⑧ 导购要站于能注意到顾客并且能让顾客注意到自己的位置，经常注意顾客的需要，和防止物品丢失。

⑨ 对待顾客都要一视同仁，公平一致，以免顾客有受怠慢的感觉。

（二）导购与顾客交往的风度

1.自尊而不自大

导购要信心十足的与顾客进行沟通，同时也要尊重顾客的意见，不要把自己的意见强加于人。

2.坦诚而不轻率

顾客与导购交往时，应坦诚相对，诚心诚意为顾客办事，不能信口开河、不假思索、轻率的答应顾客一些办不到的事。

3.显己而不贬低别人

导购要善于在顾客面前显示自己的长处和优点。以博得顾客的好感，但不能因此而贬低顾客。

4.谨慎而不拘束

导购与顾客交往时应谨慎从事，三思而后行，言行举止要恰到好处，以免冒犯顾客。但如果在顾客面前不敢抬头，不敢开口，该说的不说，该做的不做，则不是谨慎而是拘束，甚至可以说是怯懦，这是销售礼仪中的大忌。

5.灵活而不轻浮

幽默的谈吐，活泼的举止，富于变换的表情，有利于导购与顾客的交流，但过分的灵活会让顾客感到轻浮，不分场合，不择对象。

（三）导购仪表要求

① 给予顾客一个专业、健康及精神奕奕的形象。

② 正确的站立姿势，脚跟靠拢，两脚尖分约15～30度夹角，两手放后，身体自然挺拔，步态轻盈而稳健。

③ 适当的手势，动作不夸张。

④ 正确的服务用语，说话清晰，声调自然亲切，面带微笑，表现自信。

二、售中服务

售中服务又称销售服务，是指买卖过程中，直接或者间接地为销售活动提供的各种服务。现代商业销售服务观点的重要内容之一，就是摒弃了过去那种将销售视为简单的买卖行为的思想，而把销售过程看作是既满足顾客购买商品欲望的服务行为，同时又是不断满足消费者心理需要的服务行为。优秀的销售服务为顾客提供了享受感，从而增强了顾客的购买欲望。融洽而自然的销售服务还可有效地消除顾客与营业员之间的隔阂，在买卖者之间形成一种相互信任的气氛。商业心理学家们通常认为这是最有利的成交时机。

销售服务在更广阔的范围内被门店经理们视为商业竞争的有效手段。日本一家商店的经理曾经说："如果一个雇员在销售过程中没有能够体现出优秀的服务业绩，那么他带给商店的损失就不仅是一笔未能做成的买卖，而是损害了商店的信誉，这样做，企业丧失的利润可能微不足道，但是这样做的后果将使企业丧失竞争能力，这是令人不能容忍的。"

行为科学也开始将销售服务活动作为自己的研究对象，它更多的是从如何提高销售服务的效益这个角度出发的。这在另一个方面给零售企业的经营者们以新的和有益的启发，说明销售服务是一个有很大潜力可以挖掘的管理课题。

了解顾客的需求对于售中服务来说至关重要。顾客是零售企业商品销售过程中的核心要素。除非顾客对于他们在商店中受到接待、买到的商品和得到的服务完全满意，否则销售活动就不能算成功。在这方面，消费心理学为零售经营者提供了许多值得借鉴的基本理论常识。

总之，如果说售前服务使潜在顾客产生购买意向，初步做出购买决定，那么售中服务就是使这种意向和决定转变为购买行为，实现交易。由于售中服务对象明确，因此提高服务的针对性尤其重要。

三、售后服务

售后服务是门店为已购商品的顾客提供的服务。传统的看法是把成交或推荐购买其他商品的阶段作为销售活动的终结，然而在新产品剧增、商品性能日益复杂、商业竞争日渐激烈的今天，商品到达顾客手中，进入消费者领域后，门店还必须继续提供一定的服务，这就是售后服务。售后服务可以有效地与顾客沟通感情，获得顾客的宝贵意见，以顾客亲身感受的事实来扩大影响，它最能体现门店对顾客利益的关切之心，从而树立商家富有"人情味"的良好形象。

有人认为，售后服务就是把"商品出门，概不退换"改为"包退包换"，提供免费运送、安装和维修。事实上，售后服务作为一种服务方式，内容极为广泛。如果说售中服务是为了让顾客买得称心，那么售后服务就是为了让顾客用得放心。如针织品牌"群工"是同行业中著名的三免企业：工商免检企业，国家免检产品暨上海名牌产品，率先承诺终身免费售后服务。只要是"群工"的顾客，那所买的"群工"产品可以享受终身免费洗涤。

售后服务大体上有两个方面。一是帮助顾客解决像搬运大件商品之类的常使顾客感到为难的问题，商店代为办理，为顾客提供了方便；二是通过保修，提供知识性指导等服务，使顾客树立安全感、信任感。这样就可以巩固已经争取到的顾客，促使他们连续购买，同时还可以通过这些顾客进行间接的宣传，影响、争取到更多的新顾客。

在许多种售后服务中，有几种服务是值得重点考虑的。

1.商品的退换服务

一个有自信心的商店一定要做到使顾客购买商品后感到满意，除了食品、药品等特殊商品外，如果顾客买了东西后又觉得不太合适，只要没有损坏，就应该给顾客退换。如果的确属于质量问题，还应当向顾客道歉。

有一位顾客在国外一家门店买了一毛衣，穿一段时间发现衣服前片与后片连接处脱线了。他拿着衣服到门店，想请他们给修补一下，结果店员检查之后说是质量问题，一定要坚持给换一件新的毛衣。这种做法，看起来门店吃了亏，但是顾客一定会在亲朋好友面前夸赞这家服装门店提供的优质服务，有利于提高门店和这个服装品牌的声誉。有些门店则明确表示："当面看好，不退不换"，这样做固然省事，但给人一种质量没有保证、不负责任、拒人于千里之外的感觉。

2.修理服务

这对零售企业而言有三种含义。

① 对于本店售出的商品的保修业务。

② 对于非保修范围内的顾客用品的修理。

③ 对于顾客准备购买的商品，由于其中某一可以改变的部分不合自己的需要而要求进行修改的服务。

这三种修理业务都有利于门店的业务开展。保修业务是门店出售商品的质量保证，除了及时为顾客提供修理服务之外，还必须查明原因，一方面向顾客交代清楚，另一方面登记入网，作为门店制定商品质量或销售工作质量标准的依据。对于非保修范围的顾客用品，也要尽可能地帮助修理，这样可以提高门店的声誉，以吸引顾客。因为顾客找上门来修理，是对门店的信任。

归结到一点，售后服务即商品销售后，为顾客所提供的服务，这除了一般性的所谓送货上门服务以及退换货物和修理服务外，最主要的就是获悉顾客对商品使用后的感受和意见。为了吸引顾客再次光临购物，商家对于这一反应必须有深入的了解，以求提供给顾客更进一步的服务，如图6-4-2所示。

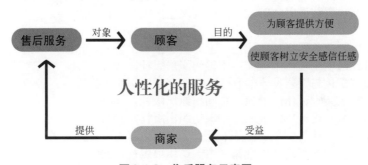

图6-4-2　售后服务示意图

综上所述，零售终端为顾客的服务是没有止境的。提供全面而优质的服务，零售企业促销留客的天地就将更加广阔。只要商家和品牌企业有一颗完全彻底为顾客着想的心，就能连连上演为顾客精心服务的好戏。

参考文献

[1] 沈雷. 针织毛衫设计 [M]. 北京：中国纺织出版社，2001.
[2] 沈雷. 针织时装设计 [M]. 北京：中国纺织出版社，2001.
[3] 孟家光. 羊毛衫生产简明手册 [M]. 北京：中国纺织出版社，2000.
[4] 赖涛. 服装设计基础 [M]. 北京：高等教育出版社，2001.
[5] 沈雷. 针织服装艺术设计 [M]. 北京：中国纺织出版社，2013.
[6] 沈雷. 针织服装设计与工艺 [M]. 北京：中国纺织出版社，2005.
[7] 沈雷. 针织内衣设计 [M]. 北京：中国纺织出版社，2001.
[8] 于国瑞. 服装设计速成 [M]. 沈阳：辽宁人民出版社，1993.
[9] 沈雷. 针织童装设计 [M]. 北京：中国纺织出版社，2001.
[10] 罗丹. 罗丹艺术论 [M]. 北京：人民美术出版社，1978.
[11] 曾奕禅. 文艺心理学 [M]. 南昌：江西教育出版社，1991.
[12] 郑巨欣. 世界服装史 [M]. 杭州：浙江摄影出版社，1999.
[13] 叶立诚. 中西服装史 [M]. 北京：中国纺织出版社，1998.
[14] 包铭新. 世界名师时装鉴赏辞典 [M]. 上海：上海交通大学出版，2001.
[15] 李德兹等. 文化服装讲座 [M]. 北京：中国展望出版社，1984.
[16] 孙峰. 针织工业词典 [M]. 北京：中国纺织出版社，1987.
[17] 金航云. 羊毛衫花色编织 [M]. 上海：上海科学技术出版社，1985.
[18] 李世波. 针织缝纫工艺 [M]. 北京：中国纺织出版社，1985.
[19] 孟家光. 款式配色与工艺设计羊毛衫 [M]. 北京：中国纺织出版社，1999.
[20] 宋晓霞. 针织服装设计 [M]. 北京：中国纺织出版社，2006.
[21] 薛福平. 针织服装设计 [M]. 北京：中国纺织出版社，2001.
[22] 孟家光. 羊毛衫设计与生产工艺 [M]. 北京：中国纺织出版社，2000.
[23] 丁钟复. 羊毛衫生产工艺 [M]. 北京：中国纺织出版社，2001.
[24] 沈叔儒. 流行与服装设计 [M]. 北京：视传文化事业有限公司，2000.
[25] 沈雷. 针织毛衫设计创意与技巧 [M]. 北京：中国纺织出版社，2008.
[26] 沈雷. 针织毛衫装饰设计 [M]. 上海：东华大学出版社，2009.
[27] 史林. 服装设计基础与创意 [M]. 北京：中国纺织出版社，2006.
[28] 刘晓刚，崔玉梅. 基础服装设计 [M]. 上海：东华大学出版社，2006.
[29] 高彩风. 店铺服务 [M]. 北京：中国纺织出版社，2005.
[30] 吴飞. 店铺陈列 [M]. 北京：中国纺织出版社，2005.
[31] 杨荣贤. 横机羊毛衫生产工艺设计 [M]. 北京：中国纺织出版社，1998.
[32] 杨尧栋，宋广礼. 针织物组织产品设计 [M]. 北京：中国纺织出版社，1999.
[33] 赵展谊. 针织工艺概论 [M]. 北京：中国纺织出版社，1998.
[34] 中国国家标准化管理委员会. 服装针织纺织品标准汇编 [M]. 北京：中国标准出版社，1995.
[35] Davis&Tuntland. The textiles handbook[M]. Newyork：Plycon press，2001.
[36] Samuel RAZ. Flat Knitting Technology[M]. First Edition，WEST—HAUSEN，GERMANY，1998.
[37] Protti. PV94 0peration Book. Prottico，1998.
[38] SHIMA SEIKI SES234FF Operation Book，SHIMA SEIKI LID，1996.
[39] Terry Brackenbury. Knitted Clothing Technology[M]. First Edition，Blackwell Scientific Pub-lications，ENGIAND，1999.
[40] Hazel Pope. The Machine Knitter"s Handbook[M]. First Edition，David & Charles Publisher，ENGIAND，1998.
[41] Jean Moss. World Knit[M]. First Edition，Taunton Press，AMERICA. 1997.